哈代空间[illegible]arling 不变子空间理论及其应用

陈艳妮 著

科学出版社

北京

内 容 简 介

不变子空间问题是算子理论中一个著名的公开问题，研究内容涉及算子代数、非交换几何和数学物理等多个学科，但至今仍未得到完全解决. 本书系统介绍积分空间与哈代空间中Beurling不变子空间研究的起源与进展，重点介绍作者近年来应用算子理论、算子代数及复分析的研究思想和方法，以及在哈代空间中 Beurling 不变子空间理论方面取得的一系列研究成果. 主要内容包括：勒贝格可积函数空间与哈代空间中的基本概念、基于规范化范数的广义勒贝格空间理论与广义哈代空间理论、广义勒贝格空间中的BHL 不变子空间理论、向量值广义哈代空间中 Beurling 不变子空间理论和基于酉不变范数的非交换广义哈代空间中的 Beurling 不变子空间理论.

本书可作为高等院校数学专业高年级本科生和泛函分析方向研究生的教学参考用书，也可供从事经典与非交换哈代空间领域研究的教师和科研人员参考.

图书在版编目(CIP)数据

哈代空间中 Beurling 不变子空间理论及其应用/陈艳妮著. —北京：科学出版社, 2022.3

ISBN 978-7-03-069954-1

Ⅰ. ①哈…　Ⅱ. ①陈…　Ⅲ. ①不变子空间-研究　Ⅳ. ①O186.14

中国版本图书馆 CIP 数据核字（2021）第 199048 号

责任编辑：宋无汗／责任校对：任苗苗
责任印制：张　伟／封面设计：陈　敬

科学出版社出版
北京东黄城根北街 16 号
邮政编码：100717
http://www.sciencep.com

北京中石油彩色印刷有限责任公司 印刷
科学出版社发行　各地新华书店经销
*
2022 年 3 月第　一　版　开本: 720 × 1000　1/16
2023 年 9 月第二次印刷　印张: 9
字数：181 000

定价: 98.00 元

(如有印装质量问题，我社负责调换)

前　言

调和分析理论起源于欧拉、傅里叶等著名数学家的研究, 最早应用在热传导方程的研究中. 经过 200 多年的发展, 其已经成为数学的核心内容之一. 经典的哈代 (Hardy) 空间理论是调和分析研究的核心内容之一, 在分析学领域和偏微分方程领域中都有广泛的应用. 近些年, 人们对于哈代空间中的不变子空间理论给予了极大关注, 其中重要原因之一是它与算子理论中的经典公开问题密切相关. 确切说, 不变子空间问题 (即在可分巴拿赫空间上, 是否每个有界线性算子都存在非平凡的不变子空间?) 在 1949 年由瑞典数学家 Beurling 给出了最初的形式, 现在被称为"Beurling 定理"是无限维空间中不变子空间问题的最早成果.

本书以算子论与经典复分析为理论基础, 主要介绍经典哈代空间与广义哈代空间理论. 同时, 利用酉不变范数代替常规的 L^p 范数, 建立广义 L^p 空间与广义哈代空间理论, 讨论新情形下的广义 Beurling 不变子空间理论. 从而为经典哈代空间的研究开辟了一个新的视野, 拓宽了函数空间领域的应用前景.

全书共八章: 第 1 章为绪论, 主要介绍哈代空间中不变子空间研究的起源与进展; 第 2、3 章主要介绍经典 L^p 空间与经典 H^p 空间中的基本理论与性质, 为后续章节提供必要的理论基础; 第 4~6 章在引入规范化 gauge 范数的基础上, 介绍广义勒贝格空间和广义哈代空间中的基本性质与相关的 BHL 不变子空间理论; 第 7 章在向量值空间的情形下, 引入向量值广义哈代空间; 第 8 章利用酉不变范数代替常规 L^p 范数, 介绍非交换广义哈代空间的基本理论, 并将经典的 Beurling 定理推广到非交换广义哈代空间中.

在本书的撰写过程中, 得到了许多老师、同事、同仁的关心和帮助. 本书的出版得到了陕西师范大学一流学科建设经费的资助, 感谢陕西师范大学数学与统计学院领导与同事的大力支持. 同时, 特别感谢我的导师美国新罕布什尔大学 Don Hadwin 教授和 Eric Nordgren 教授多年来的指导、鼓励和支持. 感谢研究生付甜甜、薛春梅、刘琴的书稿整理和统稿等工作.

由于作者能力有限, 本书内容难免有疏漏和不妥之处, 恳请各位专家与读者不吝赐教.

主要符号表

符号	含义
$\mathbb{N}$	自然数全体
$\mathbb{Z}$	整数全体
$\mathbb{R}$	实数域
$\mathbb{C}$	复数域
$\mathbb{T}$	复数域上的单位圆周
$\mathbb{D}$	复数域上的单位圆盘
$\ln f$	以 e 为底的对数函数
L^p	单位圆周 $\mathbb{T}$ 上的勒贝格空间
$H^p(\mathbb{D})$	单位圆盘 $\mathbb{D}$ 上的哈代空间
$\mathcal{L}^\alpha$	单位圆周 $\mathbb{T}$ 上关于 α 范数有界的测度空间
$M(\mathbb{T})$	单位圆周 $\mathbb{T}$ 上的勒贝格测度集合
$C(\mathbb{T})$	单位圆周 $\mathbb{T}$ 上连续函数全体
$C_b(\Omega, Y)$	从集合 Ω 到集合 Y 上的有界连续映射的全体
$\mathrm{Ball}(Y)$	集合 Y 上的单位球
$\mathbb{MP}(\Omega, \mu)$	Ω 上全体可逆保持测度的变换群
$H(\mathbb{D})$	单位圆盘 $\mathbb{D}$ 上的解析函数的全体
$\mathrm{Bor}(\Omega)$	拓扑空间 Ω 上的博雷尔 σ 代数
$(\mathcal{M}, \tau)$	有一个忠实正规迹态的 von Neumann 代数
$\mathcal{H}$	无穷维复可分希尔伯特空间
$\mathcal{A}$	可分的有单位的巴拿赫代数
μ	Haar 测度
m	单位圆周上的勒贝格测度
P_r	泊松核
H_z	Herglotz 核
$\hat{f}$	函数 f 的傅里叶系数
$\|f\|$	函数 f 的模
$f\|E$	函数 f 在集合 E 上的限制
$\\|f\\|_{H^p(\mathbb{D})}$	单位圆盘 $\mathbb{D}$ 上解析函数 f 的 L^p 范数
$\\|F\\|_p$	单位圆周 $\mathbb{T}$ 上可测函数 F 的 L^p 范数

$\|\cdot\|_p$	L^p 空间下的 p 范数
$f * g$	函数 f 与 g 的卷积
$\|T\|$	算子 T 的范数
T^*	算子 T 的共轭算子 (或伴随算子)
Graph (T)	算子 T 的图像
$\mathrm{span}(E)$	由集合 E 张成的线性子空间
$[M]^\alpha$、$[M]_\alpha$ 或 $\overline{M}^\alpha$	集合 M 关于 α 范数的线性闭包
$[M]^w$	集合 M 关于弱拓扑的线性闭包
$\bar{w}$	复数 $w \in \mathbb{C}$ 的共轭
α'	α 范数的对偶范数
$\sharp$	对偶空间符号
$\backsimeq$	等距同构符号
$\mathbb{T}\backslash E$	集合 E 在集合 $\mathbb{T}$ 中的补集
$x \bot y$	向量 x 与向量 y 正交
$\{e_n : n \in Z\}$	L^2 空间中的正规正交基

目　录

第 1 章　绪　　论

调和分析理论的起源可追溯到欧拉、傅里叶等著名数学家的研究, 20 世纪后, 调和分析理论得到了更加深入的发展, Hardy-Littlewood 极大算子与 Littlewood-Paley 理论成为近代调和分析理论的重要内容. 20 世纪 50 年代奇异积分理论的产生, 20 世纪 70 年代哈代空间的实变理论的形成都为近代调和分析理论的发展注入了新的活力. 经过不断深入的发展, 调和分析的理论和方法渗透到了众多数学分支, 成为数学的核心研究内容之一.

作为调和分析理论的重要内容, 哈代空间 $H^2(\mathbb{D})$ 是单位圆盘 $\mathbb{D}$ 上满足平方和可积的所有解析函数 f 组成的空间, 由英国数学家 Hardy[1] 于 1915 年在经典复分析中首次引入. 哈代空间理论在基础数学和应用数学的很多方面起着核心作用, 如系统理论、控制理论、信号和图像处理等方面. 随后, 哈代空间理论的研究工作突飞猛进, 在发展过程中, 一个重要的特点是哈代空间理论向众多数学分支渗透并与之结合形成许多新的分支. 例如, 哈代空间上的鞅论, 正是概率论、泛函分析与调和分析的结合, Burkholder、Gundy、Davis 等国际著名学者对此做出了杰出的贡献, 可参考文献 [2]~[13]. 随着研究的深入, 经典哈代空间中的算子理论发展到了多圆盘函数空间、多变量函数空间等方面, 我国学者在该领域的研究处于国际领先水平, 以著名学者谷超豪、孙顺华为代表的数学家在希尔伯特模、H^p 空间、Bergmann 空间、Toeplitz 算子、复合算子等方面取得了令人瞩目的研究成果 (详细内容见文献 [14]~[29]).

此外, 经典哈代空间与 von Neumann 代数结合, 形成量子数学中的非交换哈代空间理论, 经典哈代空间中的结论延伸到非交换情形, 研究内容涉及算子代数、非交换几何、K 理论和数学物理等学科. 1967 年, Arveson 引入了一般 von Neumann 代数中非交换解析模型的次对角代数的概念, 次对角代数可以看做是非交换的 H^∞ 空间 [30]. 随后, 数学家将 von Neumann 代数的研究思想和方法应用于算子代数的解析理论研究, 以非交换的 H^∞ 空间为解析代数模型, 在 Haagerup[31] 的非交换 L^p 空间基础上建立非交换 H^p 空间. 经过近 50 年的努力, 非交换哈代空间这一研究课题取得了丰富的成果, 包括非交换 H^p 空间的刻画、非交换 H^p 空间中“内函数” (inner functions) 和“外函数” (outer functions) 的特征、非交换内外型分解、非交换 Szegö 定理等 (参考文献 [32]~[45]). 这些理论的发展极大地推动了 von Neumann 代数上解析算子代数的结构研究, 因而成为非交换算子空间研究的一个中心问题.

函数空间上的算子理论是联系函数论与算子理论的纽带与桥梁, 是泛函分析的重要组成部分之一. 20 世纪 30 年代, Murray 和 von Neumann 创立算子代数理论后, 函数空间上的算子理论得到了迅速发展, 形成了一批经久不衰的研究课题 [46−47]. 不变子空间问题是算子理论中一个著名的公开问题, 即在可分巴拿赫 (Banach) 空间上, 是否每个有界线性算子都存在非平凡的不变子空间? 对于有限维空间 X 上的线性变换 A, 根据约当块理论, 可以把 X 分解成 A 的不变子空间的直和, A 限制在每一块上只有一个特征值, 而在每一块上算子的结构特别简单, 就是它的约当块. 在无限维巴拿赫空间上, 一个基本问题是研究算子的不变子空间结构, 主要是因为人们总希望从整个空间中划分出某些不变子空间, 使得算子在这些子空间上的结构比较简单, 谱相对集中, 从而获得算子的信息. 1984 年, Read 举例说明有无限维巴拿赫空间及其上一个有界线性算子不存在一个非平凡的闭不变子空间. 因此, 人们的目的自然转向无限维希尔伯特空间上有界线性算子是否有非平凡的闭不变子空间? 当该空间 H 是不可分时, 每个有界算子 A 有非平凡闭不变子空间. 这是因为如果取 $x \in H$, 且 $x \neq 0$, 那么 $\overline{\mathrm{span}}\{x, Ax, A^2x, \cdots\}$ 是 A 的一个不变子空间. 因为该子空间是可分的, 所以它是 A 的非平凡闭不变子空间. 因此, 著名的不变子空间问题如下:

不变子空间问题. 可分的无限维希尔伯特空间上有界线性算子是否有非平凡闭不变子空间?

经过众多学者的努力, 不变子空间问题有许多进展. 然而到目前为止, 不变子空间问题还没有完全解决. 在不变子空间方面, 一个里程碑式的工作是苏联数学家 Lomonosov 解决了紧算子不变子空间问题, 证明了紧算子总有非平凡的闭不变子空间. 事实上, 他得到了如下著名的结论 (见文献 [48]).

Lomonosov 定理. 假设 B 不是恒等算子的常数倍, 并且它与一个非零紧算子交换. 如果 A 与 B 交换, 那么 A 有非平凡的闭不变子空间. 特别地, 每个紧算子有非平凡的闭不变子空间.

目前, 刻画某些特殊算子类的不变子空间仍然是一个活跃的课题. 1949 年, 瑞典数学家 Beurling[49] 利用复分析的方法给出了哈代空间中单侧移位算子不变子空间的完全刻画, 现在被称为"Beurling 定理"的结论被认为是无限维空间中不变子空间问题的最早成果. 1960 年, Helson 等 [50] 对 Beurling 定理的结论做了推广, 给出了哈代空间中双边移位算子不变子空间的刻画. 自此, 众多领域学者对算子论与算子代数中 Beurling 定理做了一系列极其深刻的研究工作, 且取得了丰硕的成果. 例如, Hitt[51] 研究了圆环上哈代空间的 Beurling 定理, 并引入了哈代空间中近似不变子空间的概念; Aleman 等 [52] 证明了 Bergman 空间中的 Beurling 型定理; Blecher 等 [53] 证明了非交换 L^p 空间中的 Beurling 定理; Rezaei 等 [54]

讨论了向量值哈代空间的不变子空间的 Beurling 定理. 更多关于 Beurling 定理的成果可参考文献 [55]~[84].

酉不变范数 (unitarily invariant norm) 的概念是由 von Neumann 提出的, 其目的是度量矩阵空间 [85] . 两类常见的酉不变范数是矩阵的 L^p 范数:

$$\|A\|_p = \left(\sum_{j=1}^{n} s_j^p(A)\right)^{1/p} = (\mathrm{tr}|A|^p)^{1/p}, \quad 1 \leqslant p < \infty$$

和 Ky Fan 范数:

$$\|A\|_{(k)} = \sum_{j=1}^{k} s_j(A), \quad k = 1, 2, \cdots, n,$$

式中, A 为 $n \times n$ 复矩阵, $|A| = (A^*A)^{1/2}$ 表示矩阵 A 的绝对值算子. 目前, 这类范数被广泛应用到许多领域, 如函数空间、群表示论和量子信息等领域.

2008 年, 美国学者 Hadwin 与他的合作者在已有的非交换 L^p 空间模型基础上, 讨论将酉不变范数与 von Neumann 代数结合, 研究非交换广义 L^p 空间, 为非交换积分空间的研究开辟了一种新方向 [86−88]. 因为 Hadwin 教授在文献 [86] 中已说明酉不变范数在交换情形下与规范 gauge 范数存在一一对应, 所以将经典的 H^∞ 空间与包含常规 L^p 范数的规范 gauge 范数 (α 范数) 结合, 建立广义哈代空间, 并研究广义哈代空间中的 Beurling 不变子空间定理, 将是一个非常有意义的课题.

受此工作启发, 本书围绕如下 4 个问题展开:

问题 1. 如何利用酉不变范数的等价范数 (规范 gauge 范数), 建立广义勒贝格空间与广义哈代空间理论?

在本书第 4 章与第 5 章的内容中, 作者利用新的规范 gauge 范数 (α 范数) 代替常规的 L^p 范数, 建立更广泛意义下的勒贝格空间与哈代空间, 完善并丰富关于规范 gauge 范数下的广义哈代空间理论. 同时, 也拓宽了函数空间领域的应用前景. 例如, 可以考虑将更一般的 Orlicz 范数、Lorentz 范数、Marcinkiewicz 范数、Ky Fan 范数与经典哈代空间结合, 研究 Orlicz 空间、Lorentz 空间等, 这将为经典勒贝格空间与经典哈代空间的研究带来新意, 从而为研究非交换勒贝格空间与非交换哈代空间提供新的视野.

问题 2. 在新的广义勒贝格空间与广义哈代空间中, Beurling 不变子空间定理是否成立?

Beurling-Helson-Lowdenslager (BHL) 不变子空间定理是哈代空间 H^2 中的一个重要定理. 本书的第 6 章在更加广泛的广义勒贝格空间中, 建立了更一般的

Beurling 不变子空间定理 (BHL 定理), 并以 BHL 定理的研究为出发点. 很多经典结论, 如勒贝格空间的对偶、哈代空间中解析算子的刻画等, 均被证明在广义勒贝格空间与广义哈代空间中依然成立.

问题 3. 是否可以建立广义向量值哈代空间中的 Beurling 定理?

2012 年, Rezaei 等 [54] 讨论了向量值哈代空间中的 Beurling 定理, 刻画了有限维空间 $\mathcal{H}$ 下单侧移位算子的不变子空间的结构形式. 在本书的第 7 章, 作者在新的规范 gauge 范数的前提下, 讨论广义向量值哈代空间 $H^{\alpha}(\mathbb{D},\mathcal{H})$ 中的 Beurling 不变子空间定理, 不变子空间的结论对 $\mathcal{H}$ 无论是有限维或是无限维均成立. 在这种情况下, 文献 [54] 中的结论将成为一个特殊情况.

问题 4. 能否建立非交换哈代空间中的 Beurling 定理?

2008 年, Blecher 等 [38] 证明非交换 L^p 空间中的 Beurling 定理, 给出了关于非交换 H^{∞} 不变的子空间的形式. 通过研究有限因子与有限 von Neumann 代数之间的关系, 本书第 8 章考虑在酉不变范数情形下的非交换广义 L^p 空间与非交换广义 H^p 空间, 并将经典 Beurling 推广到非交换广义 L^p 空间中, 这将丰富日益成熟的非交换哈代空间理论, 同时也将拓宽这个领域的应用前景.

本书以算子论与经典复分析为理论基础, 系统介绍经典哈代空间与广义哈代空间理论, 建立广义勒贝格空间与广义向量值哈代空间中的 Beurling 不变子空间定理. 需要说明的是, 在经典 H^p 空间与非交换 H^p 空间理论的研究过程中, 大部分证明是以希尔伯特空间 H^2 理论为基础, 分别讨论在 $p>2$ 与 $p<2$ 的情况下哈代空间的特征性. 但是酉不变范数 (交换情形下是规范 gauge 范数) 之间不存在偏序关系, 不能进行大小比较, 因此原有的类比思想失效, 需要寻求新的研究思路和证明方法. 在这个过程中, 借助哈代空间中子空间的稠密性, 构架一座“H^2 空间—H^{∞} 空间—H^{α} 空间”之间的桥梁, 从而开发一种证明 Beurling 定理的新方法, 并对已有的经典哈代空间理论给出新的解读. 经典的 BHL 定理是不变子空间研究的里程碑. 本书主要是将这一结果推广到更广的空间, 不仅是将经典的勒贝格空间与哈代空间中的结论做了推广, 同时也创造一个新的研究领域, 对于泛函分析学科的研究与发展具有重要的理论意义. 相信在这种更一般的范数下, 勒贝格空间与哈代空间未来一定会有很多的研究.

全书共八章: 第 1 章为绪论, 主要概括了交换与非交换情形下哈代空间上不变子空间研究的起源与进展; 第 2 章主要介绍经典 L^p 空间理论与性质, 包含卷积理论和泊松核收敛理论, 为后面章节提供必要的理论基础; 第 3 章介绍经典哈代空间理论, 主要包括哈代空间中解析函数的表示、哈代空间中不变子空间理论等; 第 4 章在规范 gauge 范数下, 建立广义勒贝格空间, 刻画其对偶空间, 证明相应的控制收敛定理与卷积定理; 第 5 章进一步建立广义哈代空间理论, 研究紧交换群上闭稠定算子的性质; 第 6 章在单位圆周上, 利用旋转不变的规范化范数代替常

规 L^p 范数, 研究广义 BHL 不变子空间理论; 第 7 章在向量值空间的情形下, 引入向量值广义哈代空间, 给出此情形下的 Beurling 不变子空间理论; 第 8 章在有限 von Neumann 代数下, 结合 Arveson 提出的非交换哈代空间理论, 建立酉不变范数的广义哈代空间, 将经典的 Beurling 定理推广到非交换广义哈代空间中.

第 2 章　勒贝格可积函数空间 L^p

本章主要介绍经典勒贝格空间 L^p 中的基本概念和基本结论, 包括测度与函数的傅里叶系数表示、勒贝格空间 L^1 上的卷积刻画和勒贝格空间 L^p 上的核收敛性等.

2.1　预备知识

令 $m_{\mathbb{R}}$ 表示实数集 $\mathbb{R}$ 上的勒贝格测度, $\mathbb{I}=(-\pi,\pi]$, 对于任意的博雷尔集 $E\subset\mathbb{I}$, 取 $m_0(E)=\dfrac{1}{2\pi}m_{\mathbb{R}}(E)$. 令 $\mathbb{T}=\{z\in\mathbb{C}:|z|=1\}$ 为平面上的单位圆周, 定义函数 $j:\mathbb{R}\mapsto\mathbb{T}$ 为 $j(t)=\mathrm{e}^{\mathrm{i}t}(\forall t\in\mathbb{R})$, j_0 为函数 j 在 $\mathbb{I}$ 上的限制. 单位圆周 $\mathbb{T}$ 上的规范化勒贝格测度 m 定义为 $m=m_0j_0^{-1}$, 于是 $m(\mathbb{T})=m_0(j_0^{-1}(\mathbb{T}))=\dfrac{1}{2\pi}m_{\mathbb{R}}(I)=1$, 故 m 是 $\mathbb{T}$ 上的一个概率测度. 若 $f:\mathbb{T}\mapsto\mathbb{C}$ 为博雷尔函数, 使得 $f\circ j_0$ 关于 m_0 可积, 则根据积分变换可得

$$\int_{\mathbb{T}}f\mathrm{d}m=\int_{\mathbb{T}}f\mathrm{d}m_0j_0^{-1}=\int_{\mathbb{T}}f\circ j_0\mathrm{d}m_0.$$

由于 $m_{\mathbb{R}}$ 是平移不变的测度, 如果 $\mathbb{J}$ 是一个区间长度为 2π 的区间, 且 $F=f\circ j$, 那么

$$\int_{\mathbb{T}}f\mathrm{d}m=\frac{1}{2\pi}\int_{\mathbb{J}}f\mathrm{d}m_{\mathbb{R}}.$$

如果函数 f 在去掉一个零测集的区间上是连续有界的, 则 $f\circ j_0$ 是黎曼可积的, 从而

$$\int_{\mathbb{T}}f\mathrm{d}m=\frac{1}{2\pi}\int_{-\pi}^{\pi}f(\mathrm{e}^{\mathrm{i}t})\mathrm{d}t=\frac{1}{2\pi\mathrm{i}}\int_{|z|=1}\frac{f(z)}{z}\mathrm{d}z.$$

在单位圆周 $\mathbb{T}$ 上有多种测度, 而勒贝格测度 m 是其中最重要且常用的一个, 因此一般不加说明, 对应于勒贝格测度的勒贝格空间 $L^p(m)$, 简记为 L^p.

定义闭单位圆盘 $\mathbb{D}\cup\mathbb{T}$ 上的函数 e_n 为 $e_n(z)=z^n(\forall n\in\mathbb{N})$. 当 $n<0$ 时, 定义 $e_n(z)=\bar{z}^{-n}$. 类似地, 若 m 为单位圆周 $\mathbb{T}$ 上的勒贝格测度, 定义单位圆周 $\mathbb{T}$ 上的函数 e_n 为 $e_n(\mathrm{e}^{\mathrm{i}t})=\mathrm{e}^{\mathrm{i}nt}(n\in\mathbb{Z})$. 此时, 闭单位圆盘上定义的 e_n 是单位圆周

上定义的 e_n 的解析推广. 两个函数的定义域不一样, 因此形式上有所区别, 但在使用的过程中不会引起混淆.

由 Stone-Weierstrass 定理 [89] 可知, 集合

$$\mathbb{B} = \{e_n : n \in \mathbb{Z}\}$$

的线性张 $\mathcal{P}$ 在连续函数空间 $C(\mathbb{T})$ 中关于本性范数拓扑稠密, 即单位圆周 $\mathbb{T}$ 上的每一个连续函数都可以记为三角多项式 $\sum\limits_{n=-N}^{N} a_n e_n$ 序列的一致极限, 而 $C(\mathbb{T})$ 在积分空间 $L^p(\mu)$ 中稠密, 因此可以验证 $\mathbb{B}$ 中函数 e_n 的线性张在 $L^p(\mu)$ 中是依 $\|\cdot\|_p$ 稠密的. 特别地, 当 $\mu = m$, $p = 2$ 时, 经过简单计算可以得出 $\mathbb{B}$ 在 L^2 中是正规正交的, 因此集合 $\mathbb{B}$ 是 L^2 中的一个正规正交基.

为了后期应用方便, 记集合

$$\mathbb{B}_+ = \{e_n : n \geqslant 0\}$$

的线性张为 $\mathcal{P}_+$, 集合

$$\mathbb{B}_- = \{e_m : m < 0\}$$

的线性张为 $\mathcal{P}_-$, 定义 $L^2(\mu)$ 的子空间 $H^2(\mu)$ 是集合 $\mathbb{B}_+ = \{e_n : n \geqslant 0\}$ 的线性张, 于是 $H^2(\mu)$ 为 $\mathcal{P}_+$ 在 $L^2(\mu)$ 中的线性闭包. 当 $\mu = m$ 时, $H^2(m) = H^2$ 称为哈代–希尔伯特空间; 当 $1 \leqslant p \leqslant \infty$ 时, 哈代空间 H^p 为 $\mathcal{P}_+$ 在 L^p 中的线性闭包, 其中 H^∞ 的情形下使用弱 * 收敛拓扑.

考虑到三角多项式集 $\mathcal{P}$ 是 $C(\mathbb{T})$ 中的一个子集, 故定义里斯 (Riesz) 投影 P 为

$$P\left(\sum_{n=-N}^{N} a_n e_n\right) = \sum_{n=0}^{N} a_n e_n.$$

由 Hahn-Banach 延拓定理 [90] 可知, 投影 P 可以延拓至 L^2 上, 其符号依旧使用 P. 可以验证, P 实质上是从 L^2 到 H^2 上的正交投影.

当 $\mu = m$ 时, 由 L^∞ 中的函数可以诱导出 H^2 上特殊的算子结构. Toeplitz 算子是其中的一个重要算子. 对于任意的 $\varphi \in L^\infty$, 定义 L^2 上的乘法算子 M_φ 为

$$M_\varphi f = \varphi f, \quad \forall f \in H^2.$$

在此基础上, 定义 Toeplitz 算子 T_φ 为

$$T_\varphi f = PM_\varphi f, \quad \forall f \in H^2,$$

或者等价定义为 $T_\varphi = PM_\varphi|_H^2$. 当 $\varphi = e_1$ 时, 相应的 Toeplitz 算子 T_{e_1} 实际上西等价于单侧移位算子, 因为对于任意的 $n \geqslant 0$, $T_{e_1} e_n = e_n + 1$.

为了后续应用方便, 下面给出赋范线性空间上的几种收敛的定义.

定义 2.1.1　设 X 是赋范线性空间, $\{x_n\}$ 是 X 中的一个点列. 如果存在 $x \in X$, 使得

$$\|x_n - x\| \to 0, \quad n \to \infty,$$

则称点列 $\{x_n\}$ 强收敛于 x.

定义 2.1.2　设 X 是赋范线性空间, $X^\sharp$ 是它的共轭空间, $\{x_n\}$ 是 X 中的一个点列. 如果存在 $x \in X$, 使得对于任意的线性泛函 $f \in X^\sharp$ 都有

$$f(x_n) \to f(x), \quad n \to \infty,$$

则称点列 $\{x_n\}$ 弱收敛于 x.

定义 2.1.3　设 X 是赋范线性空间, $X^\sharp$ 是它的共轭空间, $\{f_n\}$ 是 $X^\sharp$ 中的一个函数列. 如果存在 $f \in X^\sharp$, 使得对于任意的 $x \in X$, 都有

$$f_n(x) \to f(x), \quad n \to \infty,$$

则称函数列 $\{f_n\}$ 弱 * 收敛于 f.

2.2　测度与函数的傅里叶系数

如果 $f \in L^1$, 定义 f 的傅里叶系数为 $\hat{f}(n) = \int_{\mathbb{T}} f\bar{e}_n \mathrm{d}m$; 如果 ν 是单位圆周 $\mathbb{T}$ 上的一个复测度, 定义 ν 的傅里叶系数为 $\hat{\nu}(n) = \int_{\mathbb{T}} \bar{e}_n d\nu$. 根据定义, 很自然地可以将函数 f 与其傅里叶级数 $\sum\limits_{n\in\mathbb{Z}} \hat{f}(n)e_n$, 测度 ν 与其傅里叶级数 $\sum\limits_{n\in\mathbb{Z}} \hat{\nu}(n)e_n$ 联系在一起. 若 ν 关于勒贝格测度 m 绝对连续, f 是 ν 的 Radon-Nikodym 导数, 则 $\hat{f} = \hat{\nu}$. 对于傅里叶级数是否收敛, 是非常有意思的一个问题, 但并不容易解决. 例如, 当 f 是 L^2 空间中的一个可测函数时, $\mathbb{B} = \{e_n : n \in \mathcal{Z}\}$ 是 L^2 的一组正规正交基, 则 f 的傅里叶级数在 L^2 中收敛到 f. 然而, 并非所有的傅里叶级数都收敛, 下述定理 2.2.1 刻画了函数或者测度可以由它的傅里叶级数确定.

定理 2.2.1　如果 ν 是单位圆周 $\mathbb{T}$ 上的一个复博雷尔测度, 且 $\hat{\nu} = 0$, 则 $\nu = 0$. 也就是说, 两个测度相等当且仅当它们的傅里叶级数相同.

证明　假设 ν 是一个复博雷尔测度, 满足 $\hat{\nu} = 0$. 如果 $p \in \mathcal{P}$, 则根据测度的傅里叶系数的定义可知, $\int_{\mathbb{T}} p\mathrm{d}\nu = 0$. 连续函数可由 $\mathcal{P}$ 中的函数一致逼近, 故经过简单计算可知, 对于任意的 $f \in C(\mathbb{T})$, $\int_{\mathbb{T}} f\mathrm{d}\nu = 0$, 意味着由 ν 诱导的 $(C(\mathbb{T}))^\sharp$

上的线性泛函 $\Phi = 0$. 依据里斯定理可知, 单位圆周 $\mathbb{T}$ 上复博雷尔测度的全体与 $(C(\mathbb{T}))^\sharp$ 等距同构, 因此 $\nu = 0$.

推论 2.2.1 如果函数勒贝格空间 L^1 上的可测函数 f 的傅里叶系数都是 0, 则 $f = 0$ 依测度几乎处处成立 (简记为 a.e.(m)).

证明 假设 $f \in L^1$ 且 $\hat{f} = 0$. 如果 ν 的复博雷尔测度满足 $\nu(E) = \int_E f\mathrm{d}m$, 记 $\nu = fm$, 则 $\hat{\nu}(n) = \hat{f}(n) = 0$. 由定理 2.2.1 可知 $\nu = 0$, 从而 $f = 0$.

2.3 勒贝格空间 L^1 上的卷积

众所周知, $L^1 = L^1(m)$ 是一个巴拿赫空间. 本节讨论如何使 L^1 空间成为一个代数. 要做到这点, 取决于勒贝格测度 m 的旋转不变性, 即如果 E 是单位圆周 $\mathbb{T}$ 上的一个可测子集, $z \in \mathbb{T}$, 则 $m(zE) = m(E)$. 令 $\mathbb{T}^2 = \mathbb{T} \times \mathbb{T}$ 表示 $\mathbb{T}$ 的笛卡儿乘积. 如果 f 和 g 是 $\mathbb{T}$ 上的博雷尔可测函数, 容易验证, 由

$$f \odot g(z, w) = f(z)g(w)$$

定义的乘积函数 $f \odot g:\ \mathbb{T}^2 \mapsto \mathbb{C}$ 也是可测的. 令 $\Omega : \mathbb{T}^2 \mapsto \mathbb{T}^2$ 定义为

$$\Omega(z, w) = (z\bar{w}, w),$$

则 Ω 是一个同态映射, 从而 $f \circledcirc g = (f \odot g) \circ \Omega$ 是可测的. 这就表明映射:

$$(z, w) \longmapsto f(z\bar{w})g(w)$$

在 $\mathbb{T}^2$ 上是可测映射. 如果 f 和 g 都属于 L^1, 根据富比尼 (Fubini) 定理 [91] 可知,

$$\begin{aligned} &\int_{\mathbb{T}^2} |f(z\bar{w})g(w)|\mathrm{d}m \times m(z, w) \\ =&\int_{\mathbb{T}}\int_{\mathbb{T}} |f(z\bar{w})|\mathrm{d}m(z)|g(w)|\mathrm{d}m(w) \\ =&\int_{\mathbb{T}} \|f\|_1|g|\mathrm{d}m = \|f\|_1\|g\|_1 < \infty, \end{aligned} \tag{2.1}$$

式中, 第二个等式取决于测度 m 的旋转不变性, 从而 $f \circledcirc g \in L^1(m \times m)$. 因此 $f \circledcirc g_z(w) = f(z\bar{w})g(w)$ 关于测度 m 可以求积分, 于是对于任意的 $z \in \mathbb{T}$, 定义卷积 $f * g$ 为

$$f * g(z) = \int_{\mathbb{T}} f(z\bar{w})g(w)\mathrm{d}m(w). \tag{2.2}$$

有时, 函数 F 和 G 的卷积也可表示为如下形式:

$$F * G(t) = \int_{\mathbb{T}} F(t-u)G(u)\mathrm{d}m_0(u).$$

若取 $F(t) = G(t) = 1/\sqrt{|t|}$, 则 $F, G \in L^1(m_0)$, 而卷积 $F * G$ 在 $t = 0$ 点无定义. 然而, 由于

$$\int_{\mathbb{T}} |f * g|\mathrm{d}m \leqslant \int_{\mathbb{T}^2} |f(z\bar{w})g(w)|\mathrm{d}m \times m(z,w) = \|f\|_1\|g\|_1,$$

意味着, 如果 $f, g \in L^1$, 则 $f * g \in L^1$, 且 $\|f * g\|_1 \leqslant \|f\|_1\|g\|_1$.

定理 2.3.1 对于 $1 \leqslant p \leqslant \infty$, 如果 $f \in L^p$, $g \in L^1$, 那么

$$f * g \in L^p, \quad \text{且} \quad \|f * g\|_p \leqslant \|f\|_p\|g\|_1.$$

证明 $f \in L^p$ 蕴含着 $f \in L^1$, 故

$$\begin{aligned}\int_{\mathbb{T}} |f * g|^p \mathrm{d}m &\leqslant \int_{\mathbb{T}} \left|\int_{\mathbb{T}} f(z\bar{w})g(w)\mathrm{d}m(w)\right|^p \mathrm{d}m(z) \\ &\leqslant \int_{\mathbb{T}} \left(\int_{\mathbb{T}} |f(z\bar{w})| \frac{|g(w)|}{\|g\|_1}\mathrm{d}m(w)\right)^p \|g\|_1^p \mathrm{d}m(z).\end{aligned}$$

应用 Hölder 不等式, 结合概率测度 $\dfrac{|g|}{\|g\|_1}m$ 与富比尼定理可得

$$\begin{aligned}\int_{\mathbb{T}} |f * g|^p \mathrm{d}m &\leqslant \int_{\mathbb{T}} \left(\int_{\mathbb{T}} |f(z\bar{w})| \frac{|g(w)|}{\|g\|_1}\mathrm{d}m(w)\right)^p \|g\|_1^p \mathrm{d}m(z) \\ &= \|f\|_p^p \int_{\mathbb{T}} \frac{|g|}{\|g\|_1}\mathrm{d}m\|g\|_1^p \\ &= \|f\|_p^p\|g\|_1^p.\end{aligned}$$

于是 $f * g \in L^p$, 且 $\|f * g\|_p^p \leqslant \|f\|_p^p\|g\|_1^p$, 因此定理得证.

显然, 由式 (2.2) 定义的卷积关于函数 f 和 g 都是线性的. 命题 2.3.1 揭示了卷积运算也具有结合律、交换律和分配律. 同时, 刻画了傅里叶变换 $f \mapsto \hat{f}$ 是如何将卷积运算转化为一般的有序乘积运算.

命题 2.3.1 如果 $f, g \in L^1$, 那么 $\widehat{f * g} = \hat{f}\hat{g}$.

证明 假设 $f, g \in L^1$, 且 $n \in \mathbb{Z}$. 结合傅里叶系数的定义与富比尼定理可得

$$\widehat{f * g}(n) = \int_{\mathbb{T}} (f * g)\bar{e}_n \mathrm{d}m$$

$$
\begin{aligned}
&=\int_{\mathbb{T}}\int_{\mathbb{T}} f(z\bar{w})g(w)\mathrm{d}m(w)\bar{z}^n\mathrm{d}m(z)\\
&=\int_{\mathbb{T}}\int_{\mathbb{T}} f(z\bar{w})\overline{z\bar{w}}^n\mathrm{d}m(z)g(w)\bar{w}^n\mathrm{d}m(w)\\
&=\int_{\mathbb{T}} \hat{f}(n)g\bar{e}_n\mathrm{d}m=\hat{f}(n)\hat{g}(n),
\end{aligned}\tag{2.3}
$$

式中, 第四个等式取决于测度 m 的旋转不变性.

推论 2.3.1 L^1 空间上的卷积运算具有结合律、交换律和分配律.

证明 当 $f,g,h\in L^1$ 时, 根据命题 2.3.1 可得

$$
\widehat{f*g}(n)=\hat{f}(n)\hat{g}(n)=\hat{g}(n)\hat{f}(n)=\widehat{g*f}(n),\quad \widehat{(f*g)*h}=\widehat{f*(g*h)},
$$

于是根据函数与傅里叶系数的对等性可知

$$
f*g=g*f,\quad (f*g)*h=f*(g*h),
$$

即结合律和交换律成立. 类似地, 可以得出分配律同样成立.

推论 2.3.2 L^1 空间在卷积的乘积运算下是一个巴拿赫代数.

代数 L^1 在卷积运算下不存在单位元. 事实上, 如果有一个单位元, 那么这个单位元必定是质点为 1 的函数 δ_1, 但 $\delta_1\notin L^1$. 然而, L^1 空间可以存在一族逼近单位元. 下面给出逼近单位元的定义.

定义 2.3.1 设 $(\Lambda,\geqslant)$ 是一个有序定向集, $\{f_\lambda\}_{\lambda\in\Lambda}$ 是 L^1 空间中的一个网. 如果 $\{f_\lambda\}_{\lambda\in\Lambda}$ 满足如下性质:

(1) $\forall\lambda\in\Lambda,\ f_\lambda\geqslant 0$;

(2) $\forall\lambda\in\Lambda,\ \displaystyle\int_{\mathbb{T}} f_\lambda\mathrm{d}m=1$;

(3) 在包含 1 的邻域的补集上, 对于任意的可测集 $E\subset\mathbb{T}$, f_λ 在 E 上一致收敛于 0.

则 $\{f_\lambda\}$ 称为 L^1 上的一族逼近单位元.

定理 2.3.2 设 $(\Lambda,\geqslant)$ 是一个有序定向集. 如果 g 在 $\mathbb{T}$ 上连续, $\{f_\lambda\}_{\lambda\in\Lambda}$ 是一族逼近单位元, 则 $\{g*f_\lambda\}$ 是一个连续函数网, 且一致收敛于 g.

证明 令 $g_w(z)=g(z\bar{w})$. $\mathbb{T}$ 是一个紧集, g 在 $\mathbb{T}$ 上连续, 故 g 在 $\mathbb{T}$ 上一致连续, 从而当 $w\to 1$ 时, $\|g-g_w\|_\infty\to 0$. 因此对于任意 $\varepsilon>0$, 存在一个 1 的邻域 $\mathbb{U}$, 使得 $\|g-g_w\|_\infty<\varepsilon/2$, 其中 $w\in\mathbb{U}$. 令 $E=\mathbb{T}\backslash\mathbb{U}$, 应用定义 2.3.1 中的性质 (1) 和 (3), 选取 $\lambda_0\in\Lambda$, 使得在可测集 E 上, 当 $\lambda\geqslant\lambda_0$ 时, 有 $0\leqslant f_\lambda<\varepsilon/(4\|g\|_\infty)$, 于是对于任意的 $z\in\mathbb{T}$ 和任意的 $\lambda\geqslant\lambda_0$,

$$
|g(z)-g*f_\lambda(z)|\leqslant\int_{\mathbb{T}}|g(z)-g(z\bar{w})|f_\lambda(w)\mathrm{d}m(w)
$$

$$\begin{aligned}&\leqslant \int_{\mathbb{U}} \|g-g_w\|_\infty f_\lambda(w)\mathrm{d}m(w) + \int_{\mathbb{E}} 2\|g\|_\infty f_\lambda \mathrm{d}m \\ &< \frac{\varepsilon}{2} + 2\|g\|_\infty \frac{\varepsilon}{4\|g\|_\infty} = \varepsilon,\end{aligned} \tag{2.4}$$

式中, 最后一个不等式使用了定义 2.3.1 中的性质 (2). 因此 $\{g*f_\lambda\}$ 一致收敛于 g.

类似地, 当 $z, z_0 \in \mathbb{T}$ 时,

$$|g*f_\lambda(z) - g*f_\lambda(z_0)| \leqslant \int_{\mathbb{T}} |g(z\bar{w}) - g(z_0\bar{w})| f_\lambda(w)\mathrm{d}m(w) \leqslant \|g_z - g_{z_0}\|_\infty.$$

依据 g 的一致收敛性可知, 当 $z \to z_0$ 时, $\|g_z - g_{z_0}\|_\infty \to 0$, 证明了 $g*f_\lambda$ 的连续性.

引理 2.3.1 设 $1 \leqslant p < \infty$, $g \in L^p$, 则映射 $w \mapsto g_w$ 是连续的.

证明 假设 $1 \leqslant p < \infty$, $g \in L^p$. 对于给定的 $\varepsilon > 0$, 根据鲁津定理可知, 存在连续函数 h, 使得 $\|f-h\|_p < \frac{\varepsilon}{3}$, 从而对于任意的 $w, w_0 \in \mathbb{T}$,

$$\|g_w - g_{w_0}\|_p \leqslant \|g_w - h_w\|_p + \|h_w - h_{w_0}\|_p + \|h_{w_0} - g_{w_0}\|_p < \frac{2\varepsilon}{3} + \|h_w + h_{w_0}\|_\infty.$$

当 $w \to w_0$ 时, 由连续函数的收敛性可知 $\|h_w - h_{w_0}\|_\infty < \frac{\varepsilon}{3}$, 因此 $\|g_w - g_{w_0}\|_p < \varepsilon$, 即映射 $w \mapsto g_w$ 是连续的.

定理 2.3.3 若 $g \in L^p (1 \leqslant p \leqslant \infty)$, $\{f_\lambda\}$ 是一族逼近单位元, 则当 $1 \leqslant p < \infty$ 时, $\lim_\lambda \|g - g*f_\lambda\|_p = 0$; 当 $p = \infty$ 时, $\{g*f_\lambda\}$ 在 L^∞ 中弱 * 收敛于 g.

证明 设 $g \in L^p (1 \leqslant p < \infty)$. 注意到 $f_\lambda m$ 是一个概率测度, 由此应用 Hölder 不等式与富比尼定理可得

$$\begin{aligned}\|g - g*f_\lambda\|_p^p &= \int_{\mathbb{T}} \left| \int_{\mathbb{T}} (g(z) - g(z\bar{w})) f_\lambda(w)\mathrm{d}m(w) \right|^p \mathrm{d}m(z) \\ &= \int_{\mathbb{T}}\int_{\mathbb{T}} |\, g(z) - g(z\bar{w}) \,|^p \,\mathrm{d}m(z) f_\lambda(w)\mathrm{d}m(w) \\ &= \int_{\mathbb{T}} \|g - g_w\|_p^p f_\lambda(w)\mathrm{d}m(w).\end{aligned} \tag{2.5}$$

式中, 最后一个积分形式可以认为是连续函数 $w \mapsto \|g - g_w\|_p^p$ 与 f_λ 在点 1 处的卷积, 其极限为 0, 故 $\lim_\lambda \|g - g*f_\lambda\|_p = 0$.

设 $g \in L^\infty$, 令 $h \in L^1$. 如果 $\check{f}_\lambda(z) = f_\lambda(\bar{z})$, 根据定义 2.3.1 容易验证 $\{\check{f}_\lambda\}$ 也是一族逼近单位元, 且

$$\int_{\mathbb{T}} h(g*f_\lambda)\mathrm{d}m = \int_{\mathbb{T}} (h*\check{f}_\lambda) g\mathrm{d}m,$$

因此

$$\begin{aligned}\int_{\mathbb{T}} h(g-g*f_\lambda)\mathrm{d}m &= \int_{\mathbb{T}} hg\mathrm{d}m - \int_{\mathbb{T}} h(g*f_\lambda)\mathrm{d}m \\ &= \int_{\mathbb{T}} (h-h*\check{f}_\lambda)g\mathrm{d}m \\ &\leqslant \|h-h*\check{f}_\lambda\|_1\|g\|_\infty \to 0,\end{aligned}$$

从而 $g*f_\lambda$ 弱 * 收敛于 g.

2.4 勒贝格空间 L^p 上的核收敛

在勒贝格空间 L^1 中, 有两类重要的逼近单位元: Fejer 核与泊松核.

2.4.1 狄利克雷核与 Fejer 核

若 f 可积, 且其对应的傅里叶级数为 $\sum\limits_{n=-\infty}^{\infty}\hat{f}(n)e_n$, 其中 $\hat{f}(n)=\int_{\mathbb{T}} f\bar{e}_n\mathrm{d}m$. 傅里叶级数的部分和函数 $s_n(f)$ 定义为

$$s_n(f)=\sum_{k=-n}^{n}\hat{f}(k)e_k.$$

依据傅里叶系数的定义, 狄利克雷核 D_n 定义为如下形式:

$$D_n=\sum_{k=-n}^{n}e_k,$$

容易验证, $\int_{\mathbb{T}} D_n=1(\forall n\in\mathbb{Z})$, 并且级数的部分和可以表示为核卷积的形式: $s_n(f)=f*D_n$. 利用 $\mathrm{e}^{\mathrm{i}t/2}-\mathrm{e}^{-\mathrm{i}t/2}$ 乘以狄利克雷核并化简结果可得

$$D_n(\mathrm{e}^{\mathrm{i}t})=\frac{\mathrm{e}^{\mathrm{i}(n+\frac{1}{2})t}-\mathrm{e}^{-\mathrm{i}(n+\frac{1}{2})t}}{\mathrm{e}^{\mathrm{i}\frac{t}{2}}-\mathrm{e}^{-\mathrm{i}\frac{t}{2}}}=\frac{\sin\left(n+\dfrac{1}{2}\right)t}{\sin\dfrac{t}{2}}.$$

傅里叶级数的部分和一般情况下表现不好, 因此可转化为求它们的平均值: Cesaro 均值 $\sigma_n(f)$. 下面给出 Cesaro 均值的定义:

$$\sigma_n(f)=\frac{s_0(f)+s_1(f)+\cdots+s_n(f)}{n+1}.$$

此时, 由狄利克雷核的平均值可定义相应的 Fejer 核为

$$K_n = \frac{D_0 + D_1 + \cdots + D_n}{n+1} = \sum_{k=-n}^{n} \frac{n+1-|k|}{n+1} e_k,$$

经过简单计算可得

$$\sigma_n(f) = f * K_n.$$

因为 $\int_{\mathbb{T}} D_n \mathrm{d}m = 1 (\forall n \in \mathbb{Z})$, 故由 $K_n = \frac{D_0 + D_1 + \cdots + D_n}{n+1}$ 可得 $\int_{\mathbb{T}} K_n \mathrm{d}m = 1 (\forall n \in \mathbb{Z})$. 利用 $(\mathrm{e}^{\mathrm{i}t/2} - \mathrm{e}^{-\mathrm{i}t/2})^2$ 乘以狄利克雷核 $D_k = \sin\left(k + \frac{1}{2}\right) t / \sin \frac{t}{2}$, 然后对其结果的指标 k 从 0 加到 n 除以 $n+1$ 可得

$$K_n(\mathrm{e}^{\mathrm{i}t}) = \frac{1}{n+1} \frac{(\mathrm{e}^{\mathrm{i}(n+\frac{1}{2})t} - \mathrm{e}^{-\mathrm{i}(n+\frac{1}{2})t})^2}{(\mathrm{e}^{\mathrm{i}t/2} - \mathrm{e}^{-\mathrm{i}t/2})^2} = \frac{1}{n+1} \frac{\sin^2\left(\frac{n+1}{2} t\right)}{\sin^2 \frac{t}{2}}. \tag{2.6}$$

特别地, 当 $n = 4$ 时, 图 2.1 给出了狄利克雷核与 Fejer 核的图像. 从图中可以看出, D_4 和 K_4 是连续函数.

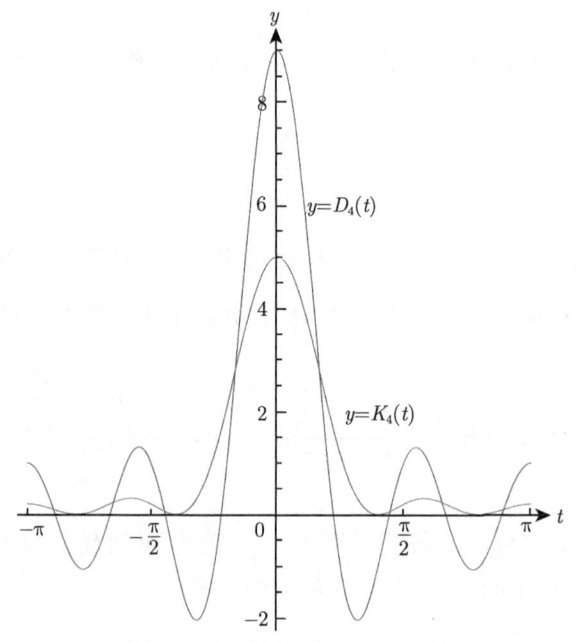

图 2.1　狄利克雷核与 Fejer 核

从式 (2.6)中 K_n 的最后一个表达式可以看出 $K_n \geqslant 0$. 如果 $\delta > 0$ 且 $\delta \leqslant |t| \leqslant \pi$, 则当 $\rho = 1/\sin^2(\delta/2)$ 时, 有 $K_n(\mathrm{e}^{\mathrm{i}t}) \leqslant \dfrac{\rho}{n+1}$, 意味着在包含 $1 \in \mathbb{T}$ 的开邻域的补集上, $\{K_n\}$ 一致收敛于 0. 因此根据逼近单位元的定义可知, $\{K_n\}$ 是 L^1 空间上的一族逼近单位元.

下面给出勒贝格空间上核收敛的相关结果. 因为 Fejer 核是 L^1 空间上的逼近单位元, 所以相应的逼近单位元卷积收敛的结论 (定理 2.3.2 和定理 2.3.3) 对于 Fejer 核依然成立.

定理 2.4.1 如果 $f \in C(\mathbb{T})$, 则 $\sigma_n(f) = f * K_n$ 一致收敛于 f; 如果 $f \in L^p(1 \leqslant p < \infty)$, 则 $\sigma_n(f) = f * K_n$ 依据 L^p 收敛于 f; 当 $p = \infty$ 时, $\sigma(f) = f * K_n$ 弱 * 收敛于 f.

由此可得出如下关于函数傅里叶系数的一个推论.

推论 2.4.1 (黎曼–勒贝格引理) 如果 $f \in L^1$, 那么 $\lim\limits_{|n|\to\infty} \hat{f}(n) = 0$.

证明 根据定理 2.4.1, 在相应的情形下, 给定 $\varepsilon > 0$, 存在相应的 N, 使得当 $n \leqslant N$ 时, $\|f - \sigma_n(f)\|_1 < \varepsilon$. 于是当 $|n| > N$ 时, $\widehat{\sigma_N(f)}(n) = 0$, 可得

$$
\begin{aligned}
|\hat{f}(n)| = |\hat{f}(n) - \widehat{\sigma_N(f)}(n)| &= \left|\int_{\mathbb{T}} (f - \sigma_N(f))\bar{e}_n \mathrm{d}m\right| \\
&\leqslant \|f - \sigma_N(f)\|_1 < \varepsilon,
\end{aligned}
$$

从而推论得证.

2.4.2 泊松核与泊松积分

泊松核 P_r 定义为

$$
P_r(\mathrm{e}^{\mathrm{i}t}) = \sum_{n=-\infty}^{\infty} r^{|n|}\mathrm{e}^{\mathrm{i}nt}, \tag{2.7}
$$

式中, $r \in [0,1)$. 可以看出, 泊松核的傅里叶系数为 $\{r^{|n|} : n \in \mathbb{Z}\}$. 当 $r \to 1^-$ 时, 系数序列收敛于 1. 对于每一个 $r \in [0,1)$, 相应的傅里叶级数在 $\mathbb{T}$ 上一致收敛于一个连续函数:

$$
P_r(\mathrm{e}^{\mathrm{i}t}) = \sum_{n=-\infty}^{\infty} r^{|n|}\mathrm{e}^{\mathrm{i}nt} = \frac{1}{1 - r\mathrm{e}^{\mathrm{i}t}} + \frac{1}{1 - r\mathrm{e}^{-\mathrm{i}t}} - 1.
$$

特别地, 当 $r = 3/4$ 时, 泊松核 P_r 的图像如图 2.2 所示.

此外, 泊松核还有几种等价表示:

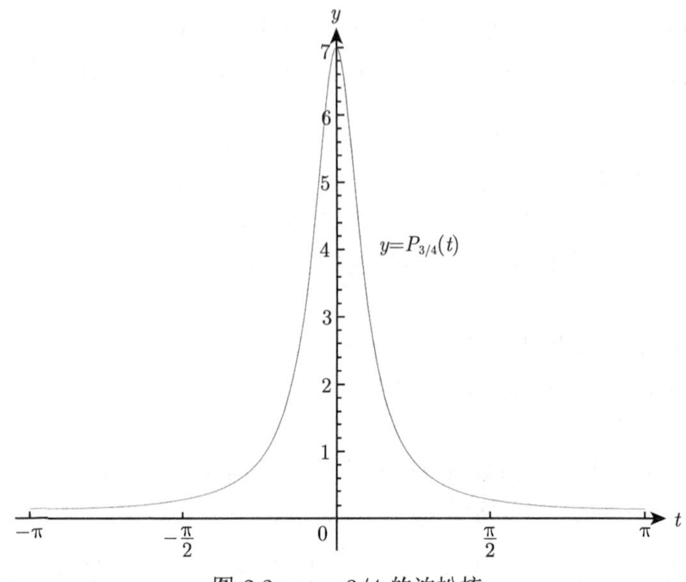

图 2.2 $r=3/4$ 的泊松核

$$
\begin{aligned}
P_r(\mathrm{e}^{\mathrm{i}t}) &= \mathrm{Re}\frac{2}{1-r\mathrm{e}^{\mathrm{i}t}}-1\\
&= \mathrm{Re}\frac{1+r\mathrm{e}^{\mathrm{i}t}}{1-r\mathrm{e}^{\mathrm{i}t}}\\
&= \frac{1-r^2}{|1-r\mathrm{e}^{\mathrm{i}t}|^2}\\
&= \frac{1-r^2}{1-2r\cos t+r^2}.
\end{aligned}
\tag{2.8}
$$

式中, 从第三个等式可以看出, 对于任意的 t, $P_r(\mathrm{e}^{\mathrm{i}t})\geqslant 0$; 而由泊松核级数的定义可得 $\int_{\mathbb{T}} P_r\mathrm{d}m=1$; 当 $r\to 1^-$ 时, 由式 (2.8) 中第四个等式容易验证, 在包含 $1\in\mathbb{T}$ 的开邻域的补集上, $\{P_r: r\in[0,1)\}$ 一致收敛于 0. 因此根据逼近单位元的定义可知, $\{P_r\}$ 是 L^1 空间上的一族逼近单位元.

依据命题 2.3.1 中卷积的傅里叶系数的性质, 可得如下关于泊松核的结论.

定理 2.4.2 如果 $0\leqslant r<s<1$, 则 $P_{rs}=P_r*P_s$.

推论 2.4.2 设 $F\in L^p(1\leqslant p\leqslant\infty)$. 如果 $0\leqslant r<s<1$, 则 $\|F*P_r\|_p\leqslant\|F*P_s\|_p$.

证明 如果 $0\leqslant r<s<1$, 选取 q 使得 $r=sq$. 根据定理 2.4.2, $P_r=P_s*P_q$. 由于卷积具有结合律, 故由定理 2.3.1 可知, 当 $1\leqslant p\leqslant\infty$ 时,

$$
\begin{aligned}
\|F*P_r\|_p &= \|F*(P_s*P_q)\|_p \\
&= \|(F*P_s)*P_q\|_p \leqslant \|F*P_s\|_p\cdot\|P_q\|_1 = \|F*P_s\|_p.
\end{aligned}
$$

为了方便后面证明, 下面列出类似于 Fejer 核的泊松核收敛结论.

定理 2.4.3 如果 $F\in C(\mathbb{T})$, 则当 $r\to 1^-$ 时, P_r*F 一致收敛于 F; 如果 $F\in L^p(1\leqslant p\leqslant\infty)$, 则当 $r\to 1^-$, $1\leqslant p<\infty$ 时, P_r*F 依 L^p 范数收敛于 F; 当 $p=\infty$ 时, P_r*F 在 L^∞ 中弱 * 收敛于 F.

若 F 是 L^1 中的一个实值函数, 则对于 $z=r\mathrm{e}^{\mathrm{i}\theta}\in\mathbb{D}$, 取 $f(z)=F*P_r(\mathrm{e}^{\mathrm{i}\theta})$. 应用泊松核的等价形式可得

$$
P_r(\mathrm{e}^{\mathrm{i}\theta}\mathrm{e}^{-\mathrm{i}t}) = \mathrm{Re}\frac{1+r\mathrm{e}^{\mathrm{i}\theta}\mathrm{e}^{-\mathrm{i}t}}{1-r\mathrm{e}^{\mathrm{i}\theta}\mathrm{e}^{-\mathrm{i}t}},
$$

于是

$$
f(z)=F*P_r(\mathrm{e}^{\mathrm{i}\theta})=\mathrm{Re}\int_{\mathbb{T}}\frac{1+r\mathrm{e}^{\mathrm{i}\theta}\mathrm{e}^{-\mathrm{i}t}}{1-r\mathrm{e}^{\mathrm{i}\theta}\mathrm{e}^{-\mathrm{i}t}}F(\mathrm{e}^{\mathrm{i}t})\mathrm{d}m(\mathrm{e}^{\mathrm{i}t}). \tag{2.9}
$$

对于式 (2.9) 应用 Morera 定理 [91] 与富比尼定理可知, 积分函数关于变量 z 是解析的, 从而函数 F 与泊松核 P_r 的卷积 f 在单位圆盘 $\mathbb{D}$ 上是一个调和函数. 需要说明的是, 即使没有函数 F 是一个实值函数的条件, 将上述讨论的方法分别应用在函数 F 的实部和虚部中, 依然可以得出 f 在单位圆盘 $\mathbb{D}$ 上是一个调和函数.

同时, 如果 $F\in L^1$, $f(z)=F*P_r(\mathrm{e}^{\mathrm{i}\theta})$, 其中 $z=r\mathrm{e}^{\mathrm{i}\theta}$, 则根据泊松核 P_r 的定义与卷积和傅里叶系数之间的关系, 有

$$
f(z)=\sum_{n=0}^{\infty}\hat{F}(n)z^n+\sum_{n=1}^{\infty}\hat{F}(-n)\bar{z}^n.
$$

进一步, 如果函数 F 在哈代空间 H^1 中, 则当 $n=1,2,\cdots$ 时, $\hat{F}(-n)=0$, 故 $f(z)=\sum\limits_{n=0}^{\infty}\hat{F}(n)z^n$, 即 f 在单位圆盘 $\mathbb{D}$ 上是解析的. 为了符号使用方便, 定义

$$
P_z(\mathrm{e}^{\mathrm{i}t})=P_r(\mathrm{e}^{\mathrm{i}\theta}\mathrm{e}^{-\mathrm{i}t})=\frac{1-|z|^2}{|1-z\mathrm{e}^{-\mathrm{i}t}|^2}=\mathrm{Re}\frac{1+z\bar{e}_1}{1-z\bar{e}_1}. \tag{2.10}
$$

此时, 称 P_z 为泊松核在 z 点的取值. 从式 (2.10) 中的最后一个等式可以看到, P_z 是由函数

$$
H_z(\mathrm{e}^{\mathrm{i}t})=\frac{1+z\bar{e}_1}{1-z\bar{e}_1}=\frac{\mathrm{e}^{\mathrm{i}t}+z}{\mathrm{e}^{\mathrm{i}t}-z}
$$

的实部给定, 其中 H_z 称为 Herglotz 核.

因为 $f(z) = F * P_r(\mathrm{e}^{\mathrm{i}\theta})$, 故应用卷积的定义, 经过简单变形可得

$$f(z) = \int_{\mathbb{T}} P_z F \mathrm{d}m, \tag{2.11}$$

式中, 积分称为函数 F 的泊松积分. 根据上述讨论可知, 当 $F \in L^p$ 时, f 是一个调和函数; 当 $F \in H^p$ 时, f 是一个解析函数. 同时, 根据定理 2.3.1 可得, $\|f_r\|_p \leqslant \|F\|_p$. 下面的定理刻画了泊松积分与函数之间的关系.

定理 2.4.4　设 $F \in L^p(1 \leqslant p \leqslant \infty)$. 如果 $f(z) = \int_{\mathbb{T}} P_z F \mathrm{d}m(z \in \mathbb{D})$, 则 f 在 $\mathbb{D}$ 上是一个调和函数, 且 $\|f_r\|_p \leqslant \|F\|_p$. 当 $1 \leqslant p < \infty$ 时, $\|f_r - F\|_P \to 0\ (r \to 1^-)$; 当 $p = \infty$ 时, f_r 弱 * 收敛于 F; 特别地, 当 $F \in H^p$ 时, f 是 $\mathbb{D}$ 上的一个解析函数.

如果 ν 是一个复测度, 其泊松积分定义为

$$f(z) = \int_{\mathbb{T}} P_z \mathrm{d}\nu.$$

下面的定理刻画了 $\mathbb{D}$ 上的调和函数与 $\mathbb{T}$ 上的复测度之间的关系.

定理 2.4.5　设 ν 是单位圆周 $\mathbb{T}$ 上的一个复测度. 如果 f 是它的泊松积分, 则 f 是 $\mathbb{D}$ 上的一个调和函数, 且 $\|f_r\|_1 \leqslant \|\nu\|$. 当 $r \to 1^-$ 时, f_r 弱 * 收敛于 ν. 同时, 每一个 $\mathbb{D}$ 上满足 $\{\|f_r\|_1 : 0 \leqslant r < 1\}$ 是有界集的调和函数 f, 是一个复博雷尔测度的泊松积分.

证明　如果 ν 是一个测度, 则 $f(z) = \int_{\mathbb{T}} P_z \mathrm{d}\nu = \mathrm{Re} \int_{\mathbb{T}} H_z \mathrm{d}\nu$. 应用富比尼定理和 Morera 定理可知, $\int_{\mathbb{T}} H_z \mathrm{d}\nu$ 关于 z 是一个解析函数, 因此 f 是一个调和函数. 依据定理 2.4.3 可得弱 * 收敛.

另外, 由于

$$\begin{aligned}\int_{\mathbb{T}} |f_r| \mathrm{d}m &= \int_{\mathbb{T}} \left| \int_{\mathbb{T}} P_r(\mathrm{e}^{\mathrm{i}(\theta - t)}) \mathrm{d}\nu(\mathrm{e}^{\mathrm{i}t}) \right| \mathrm{d}m(\mathrm{e}^{\mathrm{i}\theta}) \\ &\leqslant \int_{\mathbb{T}} \int_{\mathbb{T}} P_r(\mathrm{e}^{\mathrm{i}(\theta - t)}) \mathrm{d}|\nu|(\mathrm{e}^{\mathrm{i}t}) \mathrm{d}m(\mathrm{e}^{\mathrm{i}\theta}),\end{aligned}$$

再次利用富比尼定理与 $\int_{\mathbb{T}} P_r(\mathrm{e}^{\mathrm{i}(\theta - t)}) \mathrm{d}m(\mathrm{e}^{\mathrm{i}\theta}) = 1$ 可得 $\|f_r\|_1 \leqslant \|\nu\|$.

反过来, 若 f 是在 $\mathbb{D}$ 上解析, 且存在一个正整数 M, 使得对于任意的 $r \in [0, 1)$, $\|f_r\|_1 \leqslant M$, 则测度集合 $\{f_r m\}_r$ 是一个有界集. 如果 K_s 是有界集 $\{f_r m :$

$s \leqslant r < 1\}$ 的弱 * 闭包, 则 $\{K_s : 0 \leqslant s < 1\}$ 是一个递减的弱 * 紧集, 且有非空交集 K. 如果 $\nu \in K$, 那么每一个包含 ν 的弱 * 邻域都包含了测度 $f_r m$, 其中 $r \to 1^-$. 因此, 对于每一个 $z \in \mathbb{D}$, 由于 $P_z \in C(\mathbb{T})$, 于是每一个包含 $\int_{\mathbb{T}} P_z \mathrm{d}\nu \in \mathbb{C}$ 的邻域包含了点 $\int_{\mathbb{T}} f_r P_z \mathrm{d}m = f(rz)$, 这里, $r \to 1^-$. 此时, 唯一的可能就是 $f(z) = \int_{\mathbb{T}} P_z \mathrm{d}\nu$, 说明 f 是一个复博雷尔测度的泊松积分.

第 3 章　单位圆盘与单位圆周上的哈代空间理论

本章首先讨论哈代空间在单位圆周上的等价刻画, 然后叙述单位圆周 $\mathbb{T}$ 与单位圆盘 $\mathbb{D}$ 上哈代空间之间等距同构的性质. 本章依旧沿用第 2 章的符号表示, F 表示单位圆周上的函数, f 表示单位圆盘上的函数, 并且 f 表示 F 的泊松积分, H^p 表示单位圆周 $\mathbb{T}$ 上的哈代空间, $H^p(\mathbb{D})$ 表示单位圆盘 $\mathbb{D}$ 上的哈代空间.

3.1　哈代空间中解析函数的表示

在 2.1 节中, 记集合 $\mathbb{B}_+ = \{e_n:\ n \geqslant 0\}$ 的线性张为 $\mathcal{P}_+$, 定义哈代空间 H^2 是由集合 $\mathbb{B}_+ = \{e_n:\ n \geqslant 0\}$ 线性张成, 于是 H^2 为 $\mathcal{P}_+$ 在 $L^2(\mu)$ 中的线性闭包, 即 $H^2 = \overline{\mathcal{P}_+}^{\|\cdot\|_2}$. 类似地, 定义哈代空间 $H^p(1 \leqslant p \leqslant \infty)$ 为 $\mathcal{P}_+$ 在 L^p 中的线性闭包, 即 $H^p = \overline{\mathcal{P}_+}^{\|\cdot\|_p}$, 其中 H^∞ 的情形下使用弱 * 拓扑闭包.

同时, H^p 空间中的函数 F 也可用傅里叶系数的性质描述.

命题 3.1.1　设 $1 \leqslant p \leqslant \infty$, 则

$$H^p = \{F \in L^p:\ \hat{F}(n) = 0,\ \forall n = -1, -2, \cdots\}. \tag{3.1}$$

证明　由于集合 $\mathcal{P}_+$ 的线性闭包中的函数满足式 (3.1), 故

$$H^p = \overline{\mathcal{P}_+}^{\|\cdot\|_p} \subset \{F \in L^p:\ \hat{F}(n) = 0,\ \forall n = -1, -2, \cdots\}.$$

反过来, 如果 $F \in L^p$ 满足 $\hat{F}(n) = 0(\forall n < 0)$, 依据定理 2.4.1 可以得出, F 的 Cesaro 平均值:

$$\sigma(F) = F * K_n = \frac{s_0(F) + s_1(F) + \cdots + s_n(F)}{n+1} \in \mathcal{P}_+,$$

且 $\sigma(F) \to F$ 依 $L^p(1 \leqslant p < \infty)$ 范数或者弱 $*(p = \infty)$ 拓扑收敛, 意味着

$$F \in \overline{\mathcal{P}_+}^{\|\cdot\|_p} = H^p.$$

另外, 定义单位圆盘 $\mathbb{D}$ 上的哈代空间 $H^2(\mathbb{D})$ 为 $\mathbb{D}$ 上的解析函数, 且其泰勒系数的平方和有限, 即

$$H^2(\mathbb{D}) = \left\{ f \in H(\mathbb{D}):\ f(z) = \sum_{n=0}^{\infty} a_n z^n,\ \sum_{n=0}^{\infty} |a_n|^2 < \infty \right\}.$$

例 3.1.1 设 $f(z)=\sum\limits_{n=0}^{\infty} z^n=\dfrac{1}{1-z}$. 此时, $f \notin H^2(\mathbb{D})$. 事实上, 当 $n \geqslant 0$ 时, $a_n=1$; 当 $n<0$ 时, $a_n=0$, 但当 $z \to 1^-$ 时, $f(z) \to \infty$, 即 f 在单位圆盘 $\mathbb{D}$ 上无界.

另外, 当 $p \neq 2$ 时, 因为 f 不能表示成相应的泰勒级数, 故不能类比得到相应的性质, 因此对于单位圆盘 $\mathbb{D}$ 上的哈代空间 $H^p(\mathbb{D})$, 需要使用不同的方法定义.

如果在单位圆盘 $\mathbb{D}$ 上, $f(z)=\sum\limits_{n=0}^{\infty} a_n z^n$, 且 $f_r(\mathrm{e}^{\mathrm{i}t})=f(r\mathrm{e}^{\mathrm{i}t})$, 则

$$\sum_{n=0}^{\infty}|a_n|^2 r^{2n}=\frac{1}{2\pi}\int_0^{2\pi}|f(r\mathrm{e}^{\mathrm{i}t})|^2 \mathrm{d}\theta=\int_{\mathbb{T}}|f_r|^2 \mathrm{d}m.$$

由此可以看出, $f \in H^2(\mathbb{D})$ 当且仅当 $f \in H(\mathbb{D})$ 是解析的, 且函数 f_r 在 L^2 中是一致有界的. 进一步, 可定义

$$\|f\|_{H^2(\mathbb{D})}=\sup\{\|f_r\|_2: 0 \leqslant r<1\}.$$

此时, 可以类似定义单位圆盘上的哈代空间 $H^p(\mathbb{D})(0<p \leqslant \infty)$.

定义 3.1.1 设 $p \in(0, \infty]$, 定义 $H^p(\mathbb{D})$ 空间为

$$H^p(\mathbb{D})=\{f \in H(\mathbb{D}): \sup_{0 \leqslant r<1}\|f_r\|_p<\infty\},$$

式中, 当 $0<p<\infty$ 时, $\|f_r\|_p^p=\int_{\mathbb{T}}|f_r|^p \mathrm{d}m$; 当 $p=\infty$ 时, $\|f_r\|_{\infty}=\sup\{|f(r\mathrm{e}^{\mathrm{i}t})|: \mathrm{e}^{\mathrm{i}t} \in \mathbb{T}\}$. 定义单位圆盘上的 $\|\cdot\|_p$ 范数为

$$\|f\|_{H^p(\mathbb{D})}=\sup\{\|f_r\|_p: 0 \leqslant r<1\}.$$

3.2 哈代空间 H^p 与 $H^p(\mathbb{D})$ 间的等距同构

根据 $H^p(\mathbb{D})$ 空间的定义可知, 对于所有的 $p \in(0, \infty]$, $H^p(\mathbb{D})$ 是一个向量空间, 当 $p \geqslant 1$ 时, $H^p(\mathbb{D})$ 是一个赋范空间. 通常, 考虑 $p \geqslant 1$ 情形下 (即含有 L^p 范数) 的赋范哈代空间中的性质和结论. 此外, 借助泊松积分, 定理 2.4.4 揭示了映射 $F \mapsto f$ 是一个从 H^p 到 $H^p(\mathbb{D})$ 上的范数递减的映射. 事实上, 单位圆周与单位圆盘上的哈代空间之间有更进一步的关系, 如下面定理所述.

定理 3.2.1 设 $1 \leqslant p \leqslant \infty, f \in H^p(\mathbb{D})$, 则存在一个函数 $F \in H^p$, 使得 f 是 F 的泊松积分, 且 $\|f\|_{H^p(\mathbb{D})}=\|F\|_p$.

证明 首先考虑 $1<p \leqslant \infty$ 的情形. 当 $\dfrac{1}{p}+\dfrac{1}{q}=1$ 时, q 称为 p 的共轭指标. 特别地, 当 $p=\infty$ 时, 取 $q=1$. 此时, $L^p=(L^q)^{\sharp}$. 假设 f 是 $H^p(\mathbb{D})$ 中的一个向量, 具有形式: $f(z)=\sum\limits_{n=0}^{\infty} a_n z^n$. 不失一般性, 令 $\|f\|_{H^p(\mathbb{D})}=1$.

由于 f_r 是定义在单位圆周上的函数, 且 $f_r \in L^p, L^p$ 作为 L^q 的对偶空间, 其上具有弱 * 拓扑. 令 K_s 表示集合 $\{f_r : r \leqslant s\}$ 的弱 * 闭包, 则集族 $\{K_s\}$ 构成了一个递减的非空紧集链, 故由有限个紧集的交非空可知, $\{K_s\}$ 的交非空记为 K. 若 $F \in K$, 则 $\|F\|_p \leqslant 1$, 且对于任意的 s, $F \in K_s$. 同时, 当 $r \to 1^-$ 时, 函数 F 的每一个弱 * 邻域均包含了函数 f_r. 对于任意的 $\varepsilon > 0$, $k \in \mathbb{Z}$, 取 F 的弱 * 邻域为

$$\mathcal{U}(F,\varepsilon) = \left\{ G \in L^p : \left| \int_{\mathbb{T}} \bar{e}_k (G - F) \mathrm{d}m \right| = |\hat{G}(k) - \hat{F}(k)| < \varepsilon \right\},$$

于是当 $k \geqslant 0$ 时, 存在 $r \to 1^-$ 满足 $|a_k r^k - \hat{F}(k)| < \varepsilon$, 因此 $|a_k - \hat{F}(k)| \leqslant \varepsilon$; 当 $k < 0$ 时, $|\hat{F}(k)| < \varepsilon$. 由于 ε 是任意小的正整数, 当 $k \geqslant 0$ 时, $\hat{F}(k) = a_k$; 当 $k < 0$ 时, $\hat{F}(k) = 0$, 说明 $F \in H^p$. 注意到

$$P_r * F(\mathrm{e}^{\mathrm{i}\theta}) = \sum_{k=0}^{\infty} \hat{F}(k) \mathrm{e}^{\mathrm{i}k\theta} = \sum_{k=0}^{\infty} a_k r^k \mathrm{e}^{\mathrm{i}k\theta} = f(z),$$

即对于任意的 $f \in H^p$, 存在相应的 $F \in H^p$, 使得 $f = P_r * F$. 同时, 依据 $f = \int_{\mathbb{T}} P_r F \mathrm{d}m$ 是 F 的泊松积分可得, $\|F\|_p = 1 = \|f\|_{H^p(\mathbb{D})}$, 因此 $p > 1$ 的情形得证.

下面证明 $p = 1$ 的情形. 设 f 是 $H^1(\mathbb{D})$ 中的一个单位向量, $f(z) = \sum\limits_{n=0}^{\infty} a_n z^n$. 容易验证, 由 f 诱导的测度 $f_r m$ 是单位圆周上的一个勒贝格测度, 即

$$f_r m \in M(\mathbb{T}) = (C(\mathbb{T}))^\sharp,$$

式中, 最后一个等式由里斯定理可得. 注意到 $\|f\|_{H^p(\mathbb{D})}$ 与 $\|f_r m\|$ 的范数相同, 故它们的傅里叶系数相同. 应用证明 $p > 1$ 情形中的讨论方法可得, 存在一个复测度 $\nu \in M(\mathbb{T})$ 满足 $\hat{\nu}(k) = a_k (k \geqslant 0)$ 与 $\hat{\nu}(k) = 0 (k < 0)$, 从而复测度 ν 是解析的. 每一个解析复测度关于勒贝格测度 m 是绝对连续的, 故存在一个函数 $F \in H^1$, 使得 $\nu = Fm$, 且 $\hat{F}(k) = \nu(k) = a_k (k \geqslant 0)$. 再根据 f 是 F 的泊松积分可得 $\|F\|_1 = \|f\|_{H^1(\mathbb{D})}$.

由定理 3.2.1 可得到如下推论.

推论 3.2.1 设 $1 \leqslant p \leqslant \infty$. 每一个 H^p 空间都是一个巴拿赫空间, 且映射 $F \mapsto f$ 是从 H^p 到 $H^p(\mathbb{D})$ 上的一个等距同构, i.e., $H^p \cong H^p(\mathbb{D})$.

下面的定理揭示了哈代空间 H^p 与 $H^p(\mathbb{D})$ 中函数之间范数的紧密联系.

定理 3.2.2 设 $1 \leqslant p \leqslant \infty$, $F \in H^p$. 如果 f 是 F 的泊松积分, 则当 $r \to 1^-$ 时, f_r 在 $L^p (p < \infty)$ 空间中收敛于 F. 当 $p = \infty$ 时, f_r 在 L^∞ 中弱 * 收敛于 F.

3.3 哈代空间中的 Beurling 定理

$L^2(\mu)$ 空间中的一个子空间 M 被称为单不变的 (simply invariant), 如果它满足 $M_{e_1}M \subsetneq M$. 本节考虑 $\mu = m$ 这一特殊情形. $L^2(\mu)$ 中的一个函数 φ 如果满足 $|\varphi| = 1$ a.e.(μ), 则被称为幺模 (unimodular) 函数. 进一步, H^2 中的幺模函数被称为内 (inner) 函数, 即 φ 为 H^2 中的幺模函数, 是指存在 $E \subseteq \mathbb{T}$ 满足 $m(E) = 0$, 使得对于任意的 $z \in \mathbb{T} \setminus E$, $|\varphi(z)| = 1$. 例如, $\varphi(z) = z$, 则 φ 为幺模函数.

定理 3.3.1 设 M 为 L^2 中的一个单不变子空间, 则存在 $\mathbb{T}$ 上的一个幺模函数 φ, 使得 $M = \varphi H^2$. 特别地, 函数 φ 在相差常数倍数的意义下是唯一的.

证明 设 M 为 L^2 的一个单不变子空间, 如果 φ 为正交补空间 $M \ominus M_{e_1}M$ 中的一个单位向量, 那么 $\varphi \perp M_{e_1}M$. 特别地, 对任意的 $n \in \mathbb{N}$, $\varphi \perp \varphi e_n$, 或者等价地, $\int_{\mathbb{T}} |\varphi|^2 \overline{e}_n \mathrm{d}m = 0$. 再取复共轭可得, 对任意的 $n \in \mathbb{N}$,

$$\int_{\mathbb{T}} |\varphi|^2 e_n \mathrm{d}m = 0.$$

注意到 φ 为一个单位向量, 故有 $|\varphi|^2 \in L^1$, 并且它与 e_0 有相同的傅里叶系数, 因此由推论 2.2.1 可知, $|\varphi|^2 = e_0$, 从而 φ 为幺模函数. 由 M 的不变性及 $\varphi \in M$ 得 $\varphi H^2 \subseteq M$.

为了证明 $\varphi H^2 \supseteq M$, 设 $f \in M$ 并且 $f \perp \varphi H^2$, 则对于任意的 $n \in \mathbb{N}$, $f \perp e_n\varphi$. 又因为 $\varphi \perp Me_1M$, 所以对于任意的 $n \in \mathbb{N}$, $\varphi \perp e_n f$, 从而 L^1 函数 φf 的傅里叶系数全为零. 再次应用推论 2.2.1 可得 $\varphi f = 0$, 因此 $f = 0$. 这就证明了 $M = \varphi H^2$.

下面的推论便是 1949 年提出的著名 Beurling 不变子空间定理 [50].

推论 3.3.1 如果 $M \subseteq H^2$ 为单侧移位算子 T_{e_1} 的非零不变子空间, 那么存在一个内函数 φ, 使得 $M = \varphi H^2$. 函数 φ 在相差常数倍数的意义下是唯一的.

证明 断言基于 T_{e_1} 的非零不变子空间是 M_{e_1} 的单不变子空间 (L^2 中) 这个事实, 设 $f \in M \setminus \{0\}$, 则 $f = \sum\limits_{n=0}^{\infty} a_n e_n$. 因为 $f \neq 0$, 所以存在最小的正整数 N 满足 $a_N \neq 0$. 容易看出,

$$\langle (M_{e_1}^{N+1})^* f, e_{-1} \rangle = \langle f, e_N \rangle = a_N \neq 0$$

蕴含着 $(M_{e_1}^{N+1})^* f \notin H^2$. 这说明 M 是单不变子空间, 则由定理 3.3.1 可知, 存在一个幺模函数 φ 使得 $M = \varphi H^2$. 因为 M 为 H^2 的子空间, $\varphi \in H^2$, 所以 φ 为内函数.

如果存在两个内函数 φ 和 ψ 满足 $\varphi H^2 = \psi H^2$, 那么有 $\overline{\varphi}\psi, \overline{\psi}\varphi \in H^2$, 因此 $\overline{\varphi}\psi$ 为常数.

随后 Srinivasan[58] 将推论 3.3.1 推广至 H^p 空间中.

定理 3.3.2 如果 $M \subseteq H^p$ 为单侧移位算子 T_{e_1} 的非零不变子空间, 那么存在一个内函数 φ, 使得 $M = \varphi H^p$. 函数 φ 在相差常数倍数的意义下是唯一的.

从推论 3.3.1 可得里斯定理的一个结果. 设 $f \in H^2$, M_f 为 T_{e_1} 包含 f 的最小不变子空间, 则 M_f 是 $\mathcal{P}_+ f$ 的闭包.

推论 3.3.2 若 $f \in H^2$, 并且 f 在 $\mathbb{T}$ 的一个正测度子集上取值为零, 则 $f = 0$.

证明 如果 f 在 $\mathbb{T}$ 的一个正测度子集 E 上取值为零, 但 f 在 $\mathbb{T}$ 上不恒为零, 则 M_f 必不为零子空间. 那么由定理 3.3.1 可知, 存在内函数 φ, 使得 $M_f = \varphi H^2$, 从而 φ 在 $\mathcal{P}_+ f$ 的闭包中. 因此, φ 在 E 上取值为零, 从而 M_f 为零子空间, 这与 M_f 必不为零子空间矛盾. 因此 $f = 0$.

3.4 哈代空间中函数的零点集

解析函数的零点一直是一个很有趣的问题, 在哈代空间中尤其重要. 因为哈代空间中零点集的性质与 Nevanlinna 集、Simornov 集中的性质相同, 所以考虑广义集合中函数的零点集更具一般性. 研究解析函数零点的一个重要工具是如下的詹森定理.

定理 3.4.1 设 f 是定义在单位圆盘 $\mathbb{D}$ 上的解析函数, $f(0) \neq 0$. 如果 $\{z_n\}$ 是 f 的零点集, 则当 $r < 1$ 时,

$$\ln|f(0)| + \sum_{|z_n|<r} \ln \frac{r}{|z_n|} = \int_{\mathbb{T}} \ln|f_r| \mathrm{d}m, \tag{3.2}$$

这就是经典的詹森公式.

定理的证明可参考文献 [91].

3.4.1 哈代空间中的 Blaschke 序列

令 $0 < p \leqslant \infty$, 设 $f \in H^p(p > 0)$ 且 $f(0) \neq 0$. 因为对于任意的 $x > 0$, $\ln x \leqslant \dfrac{1}{p} x^p$, 所以詹森公式 (3.2) 中的积分是有界的, 记为 ρ. 假设 f 的零点集 $\{z_n\}$ 按照模大小有序排列成一个递增序列, 则对于任意的 N, 存在 r 使得所有的零点 $\{z_k:\ k \leqslant N\}$ 的模小于 r, 于是

$$\sum_{n=1}^{N} \ln \frac{r}{|z_n|} \leqslant \sum_{|z_n|<r} \ln \frac{r}{|z_n|} \leqslant \rho - \ln|f(0)| = \rho_0 < \infty. \tag{3.3}$$

假设存在无穷多个零点, 对于式 (3.3) 两端取极限, 当 $r \to 1^-$ 时, 令 $N \to \infty$, 则

$$\sum_{n=1}^{\infty} \ln \frac{1}{|z_n|} < \infty. \tag{3.4}$$

应用中值定理可知, 当 $0 < x < 1$ 时, $1-x \leqslant \ln \frac{1}{x}$; 当 $\frac{1}{2} \leqslant x < 1$时, $\ln \frac{1}{x} \leqslant 2(1-x)$; 因此式 (3.4) 等价于如下形式:

$$\sum_{n=1}^{\infty} (1 - |z_n|) < \infty. \tag{3.5}$$

式 (3.5) 为经典的 Blaschke 条件 (Blaschke condition). 在下面的定理中, 设 $f(0) \neq 0$. 若 0 是 f 的一个孤立点, 则存在相应的 $k \in \mathbb{N}$, 使得 $f(z) = z^k g(z)$, 其中 $g \in H^p$, 且 $g(0) \neq 0$. 关于函数 f 的讨论可以应用在非 0 函数 g 上, 函数 f 的 Blaschke 条件相应的对于 g 也成立, 只是在 Blaschke 不等式中需要加上一个常数 k, 但这并不改变条件中的有限性. 由此可以得出如下结论.

定理 3.4.2 $H^p(0 < p \leqslant \infty)$ 空间中的每一个非零函数的零点集都满足 Blaschke 条件.

接下来, 证明单位圆周 $\mathbb{D}$ 上满足 Blaschke 条件的每一个序列都是某一个内函数的零点集.

如果 $w \in \mathbb{D}$, 定义函数 φ_w 为

$$\varphi_w(z) = \frac{w - z}{1 - \bar{w} z}.$$

容易验证, φ_w 是一个从 $\overline{\mathbb{D}}$ 到它自身的单射, 且 $\varphi_w(w) = 0$, $\varphi_w(0) = w$. 若 $z \in \mathbb{T}$, 则 $\varphi_w(z) \in \mathbb{T}$. 有限个此类函数的乘积称为有限的 Blaschke 乘积 (Blaschke product).

如果 $w \in \mathbb{D}$, $w \neq 0$, 则定义 Blaschke 因子 b_w 为

$$b_w(z) = \frac{|w|}{w} \frac{w - z}{1 - \bar{w} z} = \frac{|w|}{w} \varphi_w(z).$$

如果 $w \in \mathbb{D}$, $w = 0$, 则定义 $b_0(z) = z$. 很显然, $b_w(w) = 0$, $b_w(0) = |w|$, 且当 $|\xi| = 1$ 时, $|b_w(\xi)| = 1$. 假设 $\{z_n\}$ 是一个满足 Blaschke 条件的无限序列, $z_1 \neq 0$, 定义

$$B_n(z) = \prod_{k=1}^{n} b_{z_k}(z).$$

根据内函数和柯西列的定义可以验证, $\{B_n\}$ 是 H^2 中的一个内函数序列. 同时, $\{B_n\}$ 构成了 H^2 中的一个柯西列, 于是根据柯西收敛准则可知, $\{B_n\}$ 在 H^2 中收敛, 并在 $\mathbb{D}$ 上的一个紧集上一致收敛于一个内函数 $B \in H^2$. 此时, $B = \prod\limits_{n=1}^{\infty} b_{z_n}$ 称为一个无限 Blaschke 乘积. 将 Blaschke 乘积的性质总结为如下定理.

定理 3.4.3 如果 $\{z_n\}$ 是一个满足 Blaschke 条件的序列, 则 Blaschke 乘积 $\prod\limits_{n=1}^{\infty} b_{z_n}$ 在 H^2 中收敛, 并在 $\mathbb{D}$ 上的一个紧集上一致收敛于一个内函数 B. 特别地, 函数 B 的零点序列为 $\{z_n\}$, 且

$$\lim_{r \to 1^-} \int_{\mathbb{T}} \ln |B_r| \mathrm{d}m = 0.$$

3.4.2 哈代空间中的里斯定理

里斯定理是将 H^p 空间中函数的零点去除, 产生一个新的无零点的函数, 并且两个函数都处在相同的集合中. 在得到里斯定理前, 需要如下引理.

引理 3.4.1 设 $1 \leqslant p \leqslant \infty$, f 是 $\mathbb{D}$ 上的一个解析函数, 则当 $0 < r < s < 1$ 时, $\|f_r\|_p \leqslant \|f_s\|_p$, 即 $r \mapsto \|f_r\|_p$ 是一个递增映射.

证明 根据泊松积分的定义, 取 $F \in L^p(1 \leqslant p \leqslant \infty)$. 当 $0 \leqslant s < r < 1$ 时, 则有

$$\|f_r\|_p = \|F * P_r\| \leqslant \|F * P_s\|_p = \|f_s\|_p.$$

故结论得证.

定理 3.4.4(里斯定理) 设 $f \in H^p(1 \leqslant p \leqslant \infty)$, 则存在一个 Blaschke 乘积 B 和一个无零点的函数 $g \in H^p$, 使得 $f = Bg$, 且 $\|f\|_p = \|g\|_p$.

证明 根据 Blaschke 乘积的定义可知, 对于任意的 $z \in \mathbb{C}$, $|B(z)| \leqslant 1$, 故 $f(z) = B(z)g(z)$ 蕴含着 $|f_r(\xi)| = |B(z)||g_r(\xi)| \leqslant |g_r(\xi)|$, 其中 $\xi \in \mathbb{T}$. 于是对于任意的 $0 \leqslant r < 1$ 有

$$\|f_r\|_p = \int_{\mathbb{T}} |f_r|^p \mathrm{d}m \leqslant \int_{\mathbb{T}} |g_r|^p = \|g_r\|_p. \tag{3.6}$$

令 $r \to 1^-$, 对式 (3.6) 两边取极限, 有 $\|f\|_p \leqslant \|g\|_p$.

接下来分两种情形证明 $\|g\|_p \leqslant \|f\|_p$.

情形 1. 设 Blaschke 乘积 B 中有有限个零点. 如果 $\xi \in \mathbb{T}$, 则 $|B(\xi)| = 1$, 从而对于任意的 $\varepsilon > 0$, 当 $z \to \xi$ 时, $|B(z)| > \dfrac{1}{1+\varepsilon}$. 因此

$$\|g_r\|_p^p = \int_{\mathbb{T}} |g_r|^p \mathrm{d}m$$

$$
\begin{aligned}
&= \int_{\mathbb{T}} \frac{|f_r|^p}{|B_r|^p} \mathrm{d}m \\
&\leqslant \frac{1}{1+\varepsilon} \int_{\mathbb{T}} |f_r|^p \mathrm{d}m \\
&\leqslant (1+\varepsilon)^p \|f_r\|_p^p \\
&\leqslant (1+\varepsilon)^p \|f\|_p^p.
\end{aligned}
$$

由于 ε 是任意的, 两边取极限, 当 $r \to 1^-$ 时, $\|g\|_p \leqslant \|f\|_p$.

情形 2. 设 Blaschke 乘积 B 中有无限个零点, 即 $B(z) = \prod\limits_{k=1}^{\infty} b_{z_k}(z)$, 其中 $\{z_k\}$ 为函数 f 和 B 的零点集. 令 $B_n(z) = \prod\limits_{k=1}^{n} b_{z_k}(z)$, $B^{(n)}(z) = \prod\limits_{k=n}^{\infty} b_{z_k}(z)$, 则 $B = B_n \times B^{(n)}$. 于是

$$
f = Bg = B_n(B^{(n)}g) = B_n(G),
$$

其中, B_n 有有限个零点. 从而根据情形 1, 当 $r<1$ 时, $\|G_r\|_p^p \leqslant \|f\|_p^p$, 即

$$
\int_{\mathbb{T}} |(B^{(n)}g)_r|^p \mathrm{d}m \leqslant \|f\|_p^p.
$$

注意到当 $n \to \infty$ 时, $\{B^{(n)}\}$ 是一个单调递增收敛于 1 的序列, 于是 $\{|(B^{(n)}g)_r|\}$ 单调递增收敛于 $|g_r|$, 并且 $|B^{(n)}g| \leqslant 0$, 故应用单调收敛定理可知,

$$
\int_{\mathbb{T}} |g_r|^p \mathrm{d}m = \int_{\mathbb{T}} \lim_{n\to\infty} |(B^{(n)}g)_r|^p \mathrm{d}m = \lim_{n\to\infty} \int_{\mathbb{T}} |(B^{(n)}g)_r|^p \mathrm{d}m \leqslant \|f\|_p^p.
$$

意味着, 当 $r \to 1^-$ 时, 有 $\|g\|_p \leqslant \|f\|_p < \infty$. 因此 $\|g\|_p = \|f\|_p$, 且 $g \in H^p$.

3.5 单位圆盘上的 Nevanlinna 函数

在单位圆盘 $\mathbb{D}$ 上解析的函数 f, 若满足 $\sup\{\|\ln^+|f_r|\|_1 : 0 \leqslant r < 1\} < \infty$, 则函数 f 称为 Nevanlinna 函数. Nevanlinna 函数的全体称为 Nevanlinna 集. Nevanlinna 集的重要性之一是它包含了所有 H^p 空间, 并且对于 H^p 函数零点的刻画同样适用于 Nevanlinna 函数. 里斯定理 3.4.4 使人们只需关注无零点的 Nevanlinna 函数. 本节的主要目标是给出 Nevanlinna 函数的一个等价刻画, 建立无零点 Nevanlinna 函数的一个表示定理.

定理 3.5.1 若 g 是定义在单位圆盘 $\mathbb{D}$ 上无零点的 Nevanlinna 函数, 则存在一个实数 α 和一个实测度 ν, 使得

$$
g(z) = \mathrm{e}^{\mathrm{i}\alpha} \exp\left(\int_{\mathbb{T}} H_z \mathrm{d}\nu\right). \tag{3.7}
$$

证明　设 g 为一个无零点的 Nevanlinna 函数. 注意到调和函数 $\ln|g(z)|$ 的平均值性质蕴含着

$$\ln|g(0)| + \int_{\mathbb{T}} \ln^- |g_r|\mathrm{d}m = \int_{\mathbb{T}} \ln^+ |g_r|\mathrm{d}m,$$

说明 $\{\ln^- |g_r| : 0 \leqslant r < 1\}$ 在 L^1 中是有界的, 于是 $\{\ln|g_r| : 0 \leqslant r < 1\}$ 在 L^1 中是有界的, 因此存在复测度 ν, 使得

$$\ln|g(z)| = \int_{\mathbb{T}} P_z \mathrm{d}\nu.$$

由测度的泊松积分可知, 当 $r \to 1^-$ 时, $\ln|g_r|$ 弱 $*$ 收敛到 ν, 从而 ν 为符号测度, 即测度 ν 是一个实值函数.

在单位圆盘 $\mathbb{D}$ 上定义函数 h 为

$$h(z) = \exp\left(\int_{\mathbb{T}} H_z \mathrm{d}\nu\right),$$

则 h 是解析的. 由 ν 的定义知, 在单位圆盘 $\mathbb{D}$ 上, $|g(z)| = |h(z)|$, 从而存在一个数 $\alpha \in \mathbb{R}$, 使得

$$g(z) = \mathrm{e}^{\mathrm{i}\alpha} h(z) = \mathrm{e}^{\mathrm{i}\alpha} \exp\left(\int_{\mathbb{T}} H_z \mathrm{d}\nu\right).$$

结论得证.

定理 3.5.2　包含了单位圆盘 $\mathbb{D}$ 上所有解析函数的 Nevanlinna 集, 可表示为两个有界解析函数的商. 换句话说, f 是一个 Nevanlinna 函数, 等价于存在函数 $\varphi \in H^\infty$ 与 $\psi \in H^\infty$, 使得 $f = \dfrac{\varphi}{\psi}$.

证明　首先, 设 $f \in H(\mathbb{D})$ 且 $f = \dfrac{\varphi}{\psi}$, 其中 $\Phi, \psi \in H^\infty$. 不失一般性, 设函数 ψ 无零点, 故 $\ln^+ |f_r| = -\ln|\psi\_r|$. 于是由詹森定理可知

$$-\int_{\mathbb{T}} \ln|\psi_r|\mathrm{d}m \leqslant -\ln|\psi(0)| < \infty,$$

从而 f 为 Nevanlinna 函数.

下面设 f 是 Nevanlinna 函数, 由里斯定理知, f 可写成一个 Blaschke 乘积 B 与一个为无零点的 Nevanlinna 函数 g 的乘积. 令 ν 为定理 3.5.1 中的实测度,

且 $\nu = \nu_2 - \nu_1$, 其中 ν_1、ν_2 为测度. 由式 (3.7) 知

$$f(z) = \mathrm{e}^{\mathrm{i}\alpha} B(z) \frac{\exp\left(-\int_{\mathbb{T}} H_z \mathrm{d}\nu_1\right)}{\exp\left(-\int_{\mathbb{T}} H_z \mathrm{d}\nu_2\right)}. \tag{3.8}$$

式中, 每一个积分都有小于零的实部, 因此该分式为有界解析函数之商. 因为 B 是内函数, 它在单位圆盘上是有界的, 从而 f 是有界解析函数之商.

注 3.5.1 令 $1 \leqslant p \leqslant \infty$, 将定理 3.5.2 应用到 H^p 空间上. 注意到对于任意的 p, H^p 空间包含于 Nevanlinna 集中, 因此对于所有的 $1 \leqslant p \leqslant \infty$, 任意 H^p 中的解析函数都可表示为两个有界解析函数的商.

以上内容可总结为如下推论.

推论 3.5.1 设 $f \in H(\mathbb{D})$, 则下列论述等价.

(1) f 为 Nevanlinna 函数.

(2) $\{\ln^+ |f_r| : 0 < r < 1\}$ 在 L^1 中是有界的.

(3) 若 $f \neq 0$, 则 $f = Bg$, 其中 B 为 Blaschke 乘积, g 为无零点的 Nevanlinna 函数.

(4) 存在实数 α、Blaschke 乘积 B 和实测度 ν, 使得

$$f(z) = \mathrm{e}^{\mathrm{i}\alpha} \exp\left(\int_{\mathbb{T}} H_z \mathrm{d}\nu\right).$$

(5) f 为有界解析函数之商.

第 4 章　广义勒贝格空间理论

本章提出一种新的规范 gauge 范数, 引入广义勒贝格空间. 同时借助广义 Hölder 不等式, 得出广义勒贝格空间的对偶空间, 并将经典空间中的控制收敛定理、卷积概念推广到新的情形中. 需要指出的是, 由于第 3 章中考虑的规范 gauge 范数 α 的全体远远大于通常考虑的 L^p 范数的全体, 传统的研究方法在新空间的研究中失效. 因此, 在定理的证明过程中需要新的研究思想和方法.

4.1　概率空间上 gauge 范数 α 的定义与性质

设 (Ω,μ) 是一个概率空间, 即测度空间满足 $\mu(\Omega)=1$. 如果对于任意的 $f\in L^{\infty}(\mu)$,

$$\alpha(f)=\alpha(|f|),$$

则称 $L^{\infty}(\mu)$ 上的范数 α 为 gauge 半范数. 如果 $\alpha(1)=1$, 则称 gauge 范数 α 是规范化的. 进一步, 如果

$$\lim_{\mu(E)\to 0}\alpha(\chi_E)=0,$$

即对于任意的 $\varepsilon>0$, 存在一个 $\delta>0$, 使得当 $0<\mu(E)<\delta$ 时,

$$\alpha(\chi_E)<\varepsilon\ ,$$

则称定义在 $L^{\infty}(\mu)$ 上的范数 α 是连续的.

如果 α 是 $L^{\infty}(\Omega,\mu)$ 上的一个规范 gauge 范数, 则可通过如下方式将 α 范数的定义域推广到全体可测函数 $f:\Omega\mapsto\mathbb{C}$ 上:

$$\alpha(f)=\sup\left\{\alpha(s):0\leqslant s\leqslant|f|,\ s\text{ 是一个简单函数}\right\}.$$

此时, 定义

$$\mathcal{L}^{\alpha}(\mu)=\{f:\Omega\to\mathbb{C}\text{可测},\ \alpha(f)<\infty\}$$

和

$$L^{\alpha}(\mu)=\overline{L^{\infty}(\mu)}^{\alpha},$$

即 $L^{\alpha}(\mu)$ 为 $L^{\infty}(\mu)$ 空间的 α 范数闭包. 容易验证, $L^{\alpha}(\mu)\subset\mathcal{L}^{\alpha}(\mu)$. 如果 $L^{\alpha}(\mu)=\mathcal{L}^{\alpha}(\mu)$, 则称范数 α 是强连续的.

下面给出规范 gauge 范数一些熟知的性质.

命题 4.1.1 设 α 是 $L^{\infty}(\Omega)$ 上的一个规范 gauge 范数, $f,g:\Omega\mapsto\mathbb{C}$ 是可测的, 则下列性质成立:

(1) 对于定义在 Ω 上的任意可测函数 f、g 有 ① $|f|\leqslant|g|\Longrightarrow\alpha(f)\leqslant\alpha(g)$; ② $\alpha(fg)\leqslant\alpha(f)\|g\|_{\infty}$; ③ $\alpha(f)\leqslant\|f\|_{\infty}$.

(2) 若 α 范数是连续的, $0\leqslant f_1\leqslant f_2\leqslant\cdots$, 且 $f_n\to f$ a.e. (m), 则

$$\alpha(f_n)\to\alpha(f).$$

(3) 若 α 范数是连续的, $f\in L^{\alpha}(\mu)$, 则

$$\lim_{\mu(E)\to 0^+}\alpha(f\chi_E)=0.$$

(4) 若 α 范数是连续的, 则在单位球

$$\{f\in L^{\infty}(\Omega,\mu):\|f\|_{\infty}\leqslant 1\}$$

上, 由 α 诱导的范数拓扑与依测度收敛的拓扑一致.

(5) 如果 α 范数是连续的, Ω 是一个关于测度 μ 满足鲁津定理的拓扑空间, 那么 $\overline{C_b(\Omega)}^{\alpha}=L^{\alpha}(\mu)$.

(6) 如果 α 范数是连续的 $\|\cdot\|_1$ 控制的规范化范数, 则 $(\mathcal{L}^{\alpha}(\mu),\alpha)$ 是一个巴拿赫空间, 且

$$L^{\infty}(\mu)\subset L^{\alpha}(\mu)\subset\mathcal{L}^{\alpha}(\mu)\subset L^{1}(\mu).$$

令 $\mathcal{N}(\mu)$ 表示 (Ω,μ) 上规范 gauge 半范数的全体, $\mathcal{N}_{\rm c}(\mu)$ 表示 $\mathcal{N}(\mu)$ 中连续的范数的全体, $\mathcal{N}^1(\mu)$ 与 $\mathcal{N}_{\rm c}^1(\mu)$ 分别表示 $\mathcal{N}(\mu)$ 与 $\mathcal{N}_{\rm c}(\mu)$ 中由 $\|\cdot\|_1$ 控制的范数的全体, 即对于任意的 $f\in L^{\infty}(\Omega,\mu)$,

$$\|f\|_1\leqslant\alpha(f).$$

容易验证, $\mathcal{N}^1(\mu)$ 与 $\mathcal{N}_{\rm c}^1(\mu)$ 中的元素 α 都是范数.

下面的引理是关于集合 $\mathcal{N}(\mu)$ 、$\mathcal{N}_{\rm c}(\mu)$、$\mathcal{N}^1(\mu)$ 与 $\mathcal{N}_{\rm c}^1(\mu)$ 的基本性质.

引理 4.1.1 设 (Ω,μ) 是一概率空间, 则

(1) $\mathcal{N}(\mu)$ 和 $\mathcal{N}^1(\mu)$ 是凸集, 且在逐点收敛的拓扑下是紧集.

(2) 如果 $\{\alpha_\lambda\}$ 是 $\mathcal{N}_{\rm c}(\mu)$ (或者 $\mathcal{N}_{\rm c}^1(\mu)$) 中的一个网, 且

$$\lim_{\lambda}\sup_{\|f\|_{\infty}\leqslant 1}|\alpha_\lambda(f)-\alpha(f)|=0,$$

则 $\alpha\in\mathcal{N}_{\rm c}(\mu)$ (或者 $\alpha\in\mathcal{N}_{\rm c}^1(\mu)$).

(3) 如果 $\{\alpha_n\}$ 在 $\mathcal{N}_{\mathrm{c}}(\mu)$ (或者 $\mathcal{N}_{\mathrm{c}}^1(\mu)$) 中是一个序列, 且 $\{t_n\}$ 是 $[0,1]$ 中满足 $\sum\limits_{n=1}^{\infty} t_n = 1$ 的一个序列, 则

$$\sum_{n=1}^{\infty} t_n\alpha_n \in \mathcal{N}_{\mathrm{c}}(\mu) \ \left(\text{或者, } \sum_{n=1}^{\infty} t_n\alpha_n \in \mathcal{N}_{\mathrm{c}}^1(\mu)\right).$$

4.2 测度空间中保持测度的变换

用记号 $\mathbb{MP}(\Omega,\mu)$ 表示 Ω 上全体可逆保持测度的变换群, 这里, 两个变换相等实际上是几乎处处相等. 设 G 是 $\mathbb{MP}(\Omega,\mu)$ 中的一个子群, $L^{\infty}(\mu)$ 上的一个 gauge 范数 α 是保持 G 不变的范数, 当且仅当对于任意的 $\gamma \in G$ 和任意的 $f \in L^{\infty}(\mu)$,

$$\alpha(f \circ \gamma) = \alpha(f).$$

此外, α 是保持G 不变的 gauge 范数, 当且仅当 α 是 $\mathbb{MP}(\Omega,\mu)$ 不变的.

下面给出一些具体的例子.

例 4.2.1　设 G 是 $\mathbb{MP}(\Omega,\mu)$ 中的一个子群, $0 < h \in L^1(\Omega,\mu)$ 满足 $\int_{\Omega} h\mathrm{d}\mu = 1$. 对于任意的 $f \in L^{\infty}(\mu)$, 定义

$$\alpha(f) = \sup_{\gamma \in G} \int_{\Omega} |f \circ \gamma|\, h\mathrm{d}\mu,$$

则 α 是一个保持 G 不变的规范 gauge 范数. 同时, 对于任意的 $\varepsilon > 0$, 存在一个 $\delta > 0$, 使得对于任意的可测集 E, 当 $\mu(E) < \delta$ 时, 有

$$\int_{E} h\mathrm{d}\mu < \varepsilon.$$

由此可知, α 是一个连续的 gauge 范数.

例 4.2.2　设 G 是 $\mathbb{MP}(\Omega,\mu)$ 中的一个子群, β 是一个规范 gauge 范数. 若对于任意的 $f \in L^{\infty}(\mu)$, 定义

$$\alpha(f) = \sup_{\gamma \in G} \beta(f \circ \gamma),$$

则 α 是一个保持 G 不变的规范 gauge 范数, 且 α 是连续的, 当且仅当 β 是连续的.

例 4.2.3　设 $(G,\cdot)$ 是一个关于 Haar 测度 μ 的紧群, 对于任意的 $\omega \in G$, 定义映射 $L_{\omega}, R_{\omega} : G \mapsto G$ 分别为 $L_{\omega}x = \omega \cdot x$ 和 $R_{\omega}x = x \cdot \omega^{-1}$, 则集合 $\mathbb{L}_G = \{L_{\omega} : \omega \in \Omega\}$ 和 $\mathbb{R}_G = \{R_{\omega} : \omega \in G\}$ 是 $\mathbb{MP}(G,\mu)$ 中的遍历子群, 且与集

合 G 同构, 即映射 $\omega \mapsto L_\omega$ 和映射 $\omega \mapsto R_\omega$ 同构. 如果一个规范 gauge 范数 α 在集合 L_G 下保持不变, 则称 α 是保持 G 左不变的. 若 α 是 $L^\infty(G,\mu)$ 上的一个 gauge 范数, 定义 β_1 和 β_2 分别为

$$\beta_1(f) = \int_G \alpha(L_\omega f)\,\mathrm{d}\omega,$$

$$\beta_2(f) = \sup_{\omega\in G} \alpha(L_w f),$$

则 β_1 与 β_2 都是保持 G 左不变的规范 gauge 范数. 此外, 如果 α 是保持 G 左不变的, 则 $\alpha = \beta_1 = \beta_2$. 同理, 保持 G 右不变的范数也有类似的等价形式.

例 4.2.4 设 α 是一个规范 gauge 范数. 如果 G 是 $\mathbb{MP}(\Omega,\mu)$ 中一个顺从 (amenable) 子群, φ 是 G 上的左不变平均值, 则下列表达式

$$\beta(f) = \varphi\left(\{\alpha(f\circ\tau)\}_{\tau\in G}\right)$$

定义了 $L^\infty(\Omega,\mu)$ 中一个保持 G 不变的规范 gauge 范数.

例 4.2.5 设 Ω 是一个可分的完备度量空间, μ 是一个非原子博雷尔概率测度, 则存在一个博雷尔同构映射 $\rho:\Omega\mapsto[0,1]$, 使得 $\mu\rho^{-1}=m$ 是一个勒贝格测度. 故不失一般性, 假设 $\Omega=[0,1]$, 且 μ 是一个勒贝格测度. 此时, 每一个 $L^\infty(\Omega,\mu)$ 保持测度的自同构映射 σ 可表示为

$$\sigma(f) = f\circ\gamma,$$

式中, $\gamma\in\mathbb{MP}(\Omega,\mu)$. 此外, $L^\infty[0,1]$ 中还有许多 gauge 范数的例子, 文献 [65] 中有具体的描述, 如 Marcinkiewicz 范数、Lorentz 范数、Orlicz 范数等.

将 $\mathbb{MP}(\Omega,\mu)$ 中的一个子群 G 称为遍历群, 如果对于任意的可测函数 $f:\Omega\mapsto\mathbb{C}$, 若 $f=f\circ\gamma$ a.e. (μ), 其中 $\gamma\in G$, 则函数 f 几乎处处是一个常量.

设 α 是定义在 $L^\infty(\Omega,\mu)$ 上的一个规范 gauge 范数. 令 G_α 表示 Ω 上保持测度的 α 不变的可逆变换群, 换句话说, G_α 为 $\mathbb{MP}(\Omega,\mu)$ 中满足 α 是保持 G 不变的最大子群. 下面的定理提供了一个更大的 $\|\cdot\|_1$ 控制的范数集合.

定理 4.2.1 设 G 是 $\mathbb{MP}(\Omega,\mu)$ 中的一个子群, 则下列结论等价:

(1) $\alpha\geqslant\|\cdot\|_{1,\mu}$, 其中 α 是 $L^\infty(\Omega,\mu)$ 中一个连续的保持 G 不变的规范 gauge 范数.

(2) G 是一个遍历群.

证明 $(2)\Rightarrow(1)$. 设 G 是一个遍历群, α 是 $L^\infty(\mu)$ 上一个连续的保持 G 不变的规范 gauge 范数. 假定 $0\leqslant f\in L^\infty(\mu)$ 满足 $\|f\|_\infty\leqslant 1$, 令 K 表示集合 $\{f\circ\tau:\tau\in G\}$ 的凸包. 注意到 $\overline{K}^{\|\cdot\|_2}$ 上存在唯一的元素 h, 使得 $\|h\|_2$ 最小, 然

而, 对于每一个 $\tau \in G$, $h \circ \tau \in K^{-\|\|_2}$, $\|h \circ \tau\|_2 = \|h\|_2$. 因此, 对于任意的 $\tau \in G$ 有 $h = h \circ \tau$. 因为 G 是遍历群, 所以 h 是一个常量. 又因为 K 是 $L^\infty(\mu)$ 上闭单位球中的一个子集, 根据命题 4.1.1 可知, K 上的 $\|\cdot\|_2$、$\|\cdot\|_1$ 与 α 范数一致. 值得注意的是, K 中每一个函数的积分都等于 $\int_G f\mathrm{d}\mu = \|f\|_1$, 且其无穷范数最多为 1. 从而根据控制收敛定理可知, $\int_\Omega h\mathrm{d}\mu = \|f\|_1$. 因为 h 是常量, 所以 $h = \int_\Omega h\mathrm{d}\mu$. 同时, 对于任意的 $g \in K$, 有 $\alpha(g) \leqslant \alpha(f)$, 于是 $\alpha(h) \leqslant \alpha(f)$. 因此,

$$\|f\|_1 = h = \alpha(h) \leqslant \alpha(f).$$

(1) $\Rightarrow$ (2). 假设 G 不是遍历群, 则存在一个可测集 $E \subset \Omega$ 满足 $0 < \mu(E) < 1$, 使得对于任意的 $\tau \in G$ 有 $\chi_E \circ \tau = \chi_E$ a.e. (μ). 选取 $0 < t < \mu(E)$, 定义 $\alpha : L^\infty(\mu) \mapsto [0, \infty)$ 为

$$\alpha(f) = t\frac{1}{\mu(E)}\int_E |f|\,\mathrm{d}\mu + (1-t)\frac{1}{\mu(\Omega\backslash E)}\int_{\Omega\backslash E} |f|\,\mathrm{d}\mu.$$

容易验证, α 是一个连续的保持 G 不变的规范 gauge 范数, 且 $\alpha(\chi_E) < \|\chi_E\|$, 说明 (1) $\Rightarrow$ (2) 成立.

4.3　广义勒贝格空间 L^α 的对偶

在本节中, 依据对偶范数的定义, 刻画广义 Hölder 不等式, 给出广义勒贝格空间 L^α 的对偶. 需要指出的是, 广义 L^α 空间并非是自反空间, 其对偶形式与常规 L^p 空间的对偶形式有区别, 在应用时需要注意.

4.3.1　广义 Hölder 不等式

定义 4.3.1　设 (Ω, Σ, μ) 是一个概率空间, α 是 $L^\infty(\mu)$ 上一个规范 gauge 范数. α 的对偶范数 α' 定义为

$$\begin{aligned}\alpha'(f) &= \sup\left\{\left|\int_\Omega fh\mathrm{d}\mu\right| : h \in L^\infty(\mu), \alpha(h) \leqslant 1\right\} \\ &= \sup\left\{\int_\Omega |fh|\,\mathrm{d}\mu : h \in L^\infty(\mu), \alpha(h) \leqslant 1\right\}.\end{aligned}$$

根据定义 4.3.1, 可以得到如下对偶范数的性质, 其中包含广义 Hölder 不等式.

引理 4.3.1　设 α 是一个规范 gauge 范数, α' 是形如定义 4.3.1 的对偶范数, 则下列结论成立.

(1) $\alpha'(f) \geqslant \|f\|_1$, 其中 $f \in L^\infty(\mu)$.

(2) α' 是一个 gauge 范数.

(3) 若 G 是 $\mathbb{MP}(\Omega,\mu)$ 中的一个子群, α 保持 G 不变, 则 α' 也是保持 G 不变的范数.

(4) $\alpha'(1) = 1$ 当且仅当 $\alpha \geqslant \|\cdot\|_1$.

(5) (广义 Hölder 不等式) 设 α 与 α' 是规范 gauge 范数. 若 $f \in \mathcal{L}^\alpha(\mu)$, $h \in \mathcal{L}^{\alpha'}(\mu)$, 则 $fh \in L^1(\mu)$, 且

$$\|fh\|_1 \leqslant \alpha(f)\,\alpha'(h).$$

证明 (1) 若将函数 f 记为 $f = |f|\mathrm{e}^{\mathrm{i}\theta}$, 其中 $\theta: \Omega \to [0, 2\pi]$, 则由对偶范数的定义 4.3.1 及 $\alpha\left(\mathrm{e}^{\mathrm{i}\theta}\right) = \alpha\left(\left|\mathrm{e}^{\mathrm{i}\theta}\right|\right) = \alpha(1) = 1$ 可知,

$$\alpha'(f) \geqslant \left|\int_\Omega f\mathrm{e}^{-\mathrm{i}\theta}\mathrm{d}\mu\right| = \left|\int_\Omega\right| f|\mathrm{d}\mu| = \|f\|_1.$$

(2) 由定义 4.3.1 知, 对于任意的 $k \in \mathbb{C}$,

$$\alpha'(kf) = |k|\alpha'(f),\ \alpha'(f_1+f_2) \leqslant \alpha'(f_1) + \alpha'(f_2),\ \forall\, f, f_1, f_2 \in L^\infty(\mu).$$

同时, 根据引理 4.3.1 中结论 (1) 可知, $\alpha'(f) \geqslant \|f\|_1 \geqslant 0$, 故 $\alpha'(f) = 0 \Rightarrow f = 0$, 从而 α' 是一个范数. 下面证明 α' 是一个 gauge 范数. 设 $f \in L^\infty(\mathbb{T})$, 根据定义 4.3.1 中对偶范数的第二个等式, 可以得出 $\alpha'(f) = \alpha'(|f|)$.

(3) 若 α 是保持 G 不变的范数, 即对于任意的 $\tau \in \mathbb{MP}(\Omega,\mu)$ 与 $f \in L^\infty(\mu)$, 有 $\alpha(f) = \alpha(f\circ\tau) = \alpha\left(f\circ\tau^{-1}\right)$, 那么

$$\left\{h\circ\tau^{-1} : h \in L^\infty(\mu),\ \alpha(h) \leqslant 1\right\} = \{h : h \in L^\infty(\mu),\ \alpha(h) \leqslant 1\}.$$

从而

$$\begin{aligned}\alpha'(f\circ\tau) &= \sup\left\{\left|\int_\Omega \left(f\circ\tau^{-1}\right)h\mathrm{d}\mu\right| = \left|\int_\Omega fh\mathrm{d}\mu\right| : h \in L^\infty(\mu), \alpha(h) \leqslant 1\right\}\\ &= \alpha'(f),\end{aligned}$$

因此 α' 是保持 G 不变的范数.

(4) 因为 $\alpha \geqslant \|\cdot\|_1$, 所以

$$\alpha'(1) = \sup\{\|h\|_1 : \alpha(h) \leqslant 1\} \leqslant \sup\{\|h\|_1 : \|h\|_1 \leqslant 1\} = 1.$$

又因为 $\alpha(1) = 1$, 于是

$$\alpha'(1) \geqslant \int_\Omega 1\cdot 1\mathrm{d}\mu = 1,$$

所以 $\alpha'(1)=1$.

下面设 $\alpha'(1)=1$, 则对于任意的 $f\in L^{\infty}(\mu)$,

$$\alpha(f)\leqslant 1\Rightarrow \|f\|_1\leqslant 1.$$

因此 $\|\cdot\|_1\leqslant\alpha$.

(5) 设 $0\leqslant f$, $0\leqslant h$. 若 $f,h\in L^{\infty}(\mu)$, 则由对偶范数 α' 的定义 4.3.1 可知,

$$\int_{\Omega}\frac{1}{\alpha(f)}fh\leqslant\alpha'(h),$$

从而

$$\|fh\|_1\leqslant\alpha(f)\alpha'(h).$$

根据可测函数的逼近理论, 选取简单函数序列 $\{u_n\}$ 和 $\{v_n\}$, 使得

$$0\leqslant u_1\leqslant u_2\leqslant\cdots,0\leqslant v_1\leqslant v_2\leqslant\cdots$$

满足 $u_n(\omega)\to f(\omega)$, 且 $v_n(\omega)\to h(\omega)$ a.e. (μ). 因此, 应用单调收敛定理可得

$$\|fh\|_1=\int_{\Omega}fh\mathrm{d}\mu=\lim_{n\to\infty}\int_{\Omega}u_nv_n\mathrm{d}\mu\leqslant\lim_{n\to\infty}\alpha(u_n)\alpha'(v_n)\leqslant\alpha(f)\alpha'(h).$$

4.3.2 L^{α} 空间的对偶

如果 Y 是一个巴拿赫空间, 则它的对偶空间用 $Y^{\sharp}$ 表示. 特别地, $Y^{\sharp\sharp}$ 表示对偶空间 $Y^{\sharp}$ 的对偶. 如果 $Y=Y^{\sharp\sharp}$, 则称巴拿赫空间 Y 是自反空间. 下面的定理给出了广义勒贝格空间 L^{α} 的对偶空间.

定理 4.3.1 设 (Ω,Σ,μ) 是一个概率空间, $\alpha\geqslant\|\cdot\|_1$ 是 $L^{\infty}(\mu)$ 上的一个规范 gauge 范数, 其对偶范数为 α', 则下面结论成立.

(1) 若 α 是连续的 gauge 范数, 则 $L^{\alpha}(\mu)^{\sharp}=\mathcal{L}^{\alpha'}(\mu)$, 即 $\varphi\in L^{\alpha}(\mu)^{\sharp}$, 当且仅当对于任意的 $f\in L^{\alpha}(\mathbb{T})$, 存在一个函数 $h\in\mathcal{L}^{\alpha'}(\mu)$, 使得

$$\varphi(f)=\int_{\Omega}fh\mathrm{d}\mu.$$

此时, $\|\Phi\|=\alpha'(h)$.

(2) 若 α 是连续的 gauge 范数, 则 $\alpha''=\alpha$.

(3) 当 α 和 α' 是强连续的 gauge 范数时, $L^{\alpha}(\mathbb{T})^{\sharp\sharp}=L^{\alpha}(\mathbb{T})$.

(4) 若 α 与 α' 是连续的, 且 $L^{\alpha}(\mu)^{\sharp\sharp}=L^{\alpha}(\mu)$, 则 α 和 α' 是强连续的 gauge 范数.

证明 (1) 设 α 是 $L^{\infty}(\mu)$ 上一个连续的规范 gauge 范数, $\varphi \in L^{\alpha}(\mu)^{\sharp}$. 对于任意的可测集 $E \subset \Omega$, 定义

$$\lambda(E) = \varphi(\chi_E),$$

则 $\lambda(\varnothing) = \varphi(\chi_{\varnothing}) = \varphi(0) = 0$. 假设 $\{A_n : n \in \mathbb{N}\}$ 是一个两两不相交的集合, 满足

$$\lim_{N \to \infty} \mu\left(\bigcup_{n=1}^{N} A_n\right) = 0.$$

因为 α 是连续的 gauge 范数, 所以

$$\alpha\left(\chi_{\bigcup\limits_{n=1}^{N} A_n}\right) \to 0.$$

又因为 φ 是连续的线性泛函, 从而

$$\lim_{N \to \infty} \lambda\left(\bigcup_{n=1}^{N} A_n\right) = \lim_{N \to \infty} \varphi\left(\chi_{\bigcup\limits_{n=1}^{N} A_n}\right) = 0 = \lim_{N \to \infty} \sum_{n=1}^{N} \lambda(A_n),$$

意味着 λ 满足可数可加性, 因此 λ 是 $\mathbb{T}$ 上的一个测度. 同时, 根据 $\mu(E) = 0$ 得出在 $L^{\alpha}(\mu)$ 中 $\chi_E = 0$, 故 $\lambda(E) = \varphi(\chi_E) = 0$, 于是 $\lambda << \mu$. 应用 Radon-Nikodym 定理可知, 存在一个可测函数 h 使得对于任意的可测集 E, 有

$$\varphi(\chi_E) = \lambda(E) = \int_{\Omega} \chi_E h \mathrm{d}\mu.$$

注意到 φ 是线性的, 故对于任意的简单函数 s,

$$\varphi(s) = \int_{\Omega} s h \mathrm{d}\mu.$$

从而对于任意的 $f \in L^{\infty}(\mu)$, 有

$$\varphi(f) = \int_{\Omega} f h \mathrm{d}\mu.$$

$L^{\infty}(\mu)$ 在 $L^{\alpha}(\mu)$ 中稠密, 故由 Hahn-Banach 延拓定理可知, 对于任意的 $f \in L^{\alpha}(\mu)$, 都有

$$\varphi(f) = \int_{\Omega} f h \mathrm{d}\mu.$$

此外, 根据对偶范数的定义可得

$$\begin{aligned}\alpha'(h) &= \sup\left\{\left|\int_{\Omega} fh\mathrm{d}\mu\right| : f \in L^{\alpha}(\mu), \alpha(f) \leqslant 1\right\}\\ &= \sup\{|\varphi(f)| : f \in L^{\alpha}(\mu), \alpha(f) \leqslant 1\}\\ &= \|\varphi\|.\end{aligned}$$

(2) 设 $f \in L^{\infty}(\mathbb{T})$ 且 $\alpha(f) = 1$. 因为

$$\alpha'(h) = \sup\left\{\int_{\mathbb{T}} |fh|\,\mathrm{d}\mu : h \in L^{\infty}(\mathbb{T}), \alpha(h) \leqslant 1\right\} = \alpha(f),$$

所以

$$\alpha''(f) = \sup_{h\in L^{\infty}(\mu),\ \alpha'(h)\leqslant 1} \int_{\Omega} |fh|\mathrm{d}\mu \leqslant \sup_{h\in L^{\infty}(\mu),\ \alpha'(h)\leqslant 1} \alpha'(h) = 1.$$

设 $f \in L^{\infty}(\mu)$ 满足 $\alpha(f) = 1$, 则根据 Hahn-Banach 延拓定理可知, 存在一个连续的线性泛函 $\Phi \in L^{\alpha}(\mu)^{\sharp}$, 使得 $\Phi(f) = \alpha(f) = 1$, 且 $\|\Phi\| = 1$. 因为 $\Phi \in L^{\alpha}(\mu)^{\sharp}$, 根据结论 (1) 可知, 存在一个函数 $h \in \mathcal{L}^{\alpha'}(\mu)$, 使得

$$\Phi(|f|) = \int_{\Omega} |f||h|\mathrm{d}\mu = 1,$$

且 $\alpha'(h) = \|\Phi\| = 1$. 因此

$$1 = \int_{\mathbb{T}} |f||h|\mathrm{d}\mu \leqslant \sup_{h\in\mathcal{L}^{\alpha'}(\mu),\ \alpha'(h)\leqslant 1} \int_{\Omega} |f||h|\mathrm{d}\mu = \alpha''(f),$$

于是 $\alpha''(f) = 1 = \alpha(f)$. 下面假设 $0 \neq f \in L^{\infty}(\mu)$, 则 $\alpha\left(\dfrac{f}{\alpha(f)}\right) = 1$, 于是 $\alpha''\left(\dfrac{f}{\alpha(f)}\right) = 1$, 说明 $\alpha''(f) = \alpha(f)$.

(3) 由结论 (1) 和结论 (2) 容易验证当 α 和 α' 强连续时, $L^{\alpha}(\mu) = L^{\alpha'}(\mu)$.

(4) 由于 α 是连续的 gauge 范数, 故由结论 (1) 可知, $L^{\alpha}(\mu)^{\sharp} = \mathcal{L}^{\alpha'}(\mu)$. 假设 $L^{\alpha'}(\mu) \neq \mathcal{L}^{\alpha'}(\mu)$, 则根据 Hahn-Banach 延拓定理可知, 存在一个 $\mathcal{L}^{\alpha'}(\mu)$ 上的连续线性泛函 Φ , 使得 $\Phi|_{L^{\alpha'}(\mu)} = 0$. 然而这样的泛函 Φ 不能与 $L^{\alpha}(\mu)$ 中的元素一一对应, 与假设 $L^{\alpha'}(\mu)^{\sharp} = L^{\alpha}(\mu)$ 矛盾. 于是 $L^{\alpha'}(\mu) = \mathcal{L}^{\alpha'}(\mu)$, 说明 α' 是强连续的. 同理, 在 $L^{\alpha'}(\mu)$ 上应用类似的论述, 则根据 $\alpha = \alpha''$ 可以验证 $L^{\alpha}(\mu) = \mathcal{L}^{\alpha}(\mu)$.

定理 4.3.2 设 α 是 $L^{\infty}(\mu)$ 上一个连续的 gauge 范数, 其对偶范数为 α'. 若 $T:\mathcal{L}^{\alpha}(\mu)\mapsto L^{1}(\mu)$ 是一个有界线性算子, 使得对于任意的 $h\in L^{\infty}(\mu)$ 和任意的 $g\in\mathcal{L}^{\alpha}(\mu)$ 有

$$T(hg)=hT(g),$$

则存在一个函数 $f\in\mathcal{L}^{\alpha'}(\mu)$ 使得对于任意的 $g\in\mathcal{L}^{\alpha}(\mu)$, 有

$$Tg=fg.$$

同时, $\|T\|=\alpha'(f)$.

注: 若定理中空间 $\mathcal{L}^{\alpha}(\mu)$ 由空间 $L^{\alpha}(\mu)$ 代替, 定理的结论依然成立.

证明 令 $f=T(1)$, 则对于任意的 $g\in L^{\infty}(\mu)$, $Tg=fg$. 设 $g\subset\mathcal{L}^{\alpha}(\mu)$, 定义函数

$$u(z)=\begin{cases} g(z), & |g(z)|\leqslant 1 \\ 1, & |g(z)|>1 \end{cases},$$

$$v(z)=\begin{cases} 1, & |g(z)|\leqslant 1 \\ 1/g(z), & |g(z)|>1 \end{cases}.$$

容易验证, $u,v\in L^{\infty}(\mu)$, $v(z)\neq 0$, 且 $g=u/v$. 从而

$$vT(g)=T(u)=uT(1)=fu,$$

说明 $Tg=fg$. 又由对偶范数的定义可知,

$$\alpha'(f)=\sup_{h\in L^{\infty}(\mu),\alpha(h)\leqslant 1}\left|\int_{\Omega} fh\mathrm{d}\mu\right|\leqslant\|T\|<\infty.$$

同时, 由 $\|Tg\|_1=\|fg\|_1\leqslant\alpha'(f)\alpha(g)$ 可得 $\|T\|\leqslant\alpha'(f)$. 因此 $\|T\|=\alpha'(f)$, 结论成立.

应用定理 4.3.2 可以得出如下推论.

推论 4.3.1 设 α 是 $L^{\infty}(\mu)$ 中一个连续的 gauge 范数, 且其对偶范数为 α'. 如果 $f:\Omega\mapsto\mathbb{C}$ 是可测的, 则

$$f\cdot L^{\alpha}(\mu)\subset L^{1}(\mu)\iff f\in\mathcal{L}^{\alpha'}(\mu).$$

同时, 定理 4.3.2 给出了一个强连续范数诱导的巴拿赫空间的刻画. 此处, 巴拿赫空间 X 为弱序列完备的 (weakly sequentially complete), 当且仅当每一个弱柯西列是弱收敛的.

定理 4.3.3 设 α 是 $L^{\infty}(\mu)$ 中一个连续的 gauge 范数, 则下述结论等价:

(1) $L^{\alpha}(\mu)=\mathcal{L}^{\alpha}(\mu)$ (即 α 是强连续的).

(2) $L^{\alpha}(\mu)$ 是弱序列完备的.

证明 (1) $\Rightarrow$ (2). 假设 (1) 成立, 设 $\{f_n\}$ 是 $L^{\alpha}(\mu)$ 上的一个弱柯西列, 则根据一致有界定理可知, $s=\sup\limits_{k\geqslant 1}\alpha(f_k)<\infty$. 同时, 对于任意的 $h\in\mathcal{L}^{\alpha'}(\mu)=L^{\alpha}(\mu)^{\sharp}$ 和任意的 $u\in L^{\infty}(\mu)$, 可以看出 $\left\{\int_{\Omega}f_n hu\mathrm{d}\mu\right\}$ 在 $L^1(\mu)$ 中是柯西列, 故极限

$$\lim_{n\to\infty}\int_{\Omega}f_n hu\mathrm{d}\mu$$

存在. 然而, 由于 $\{f_n h\}$ 是 $L^1(\mu)$ 中的序列, 且 $L^1(\mu)^{\sharp}=L^{\infty}(\mu)$, 于是 $\{f_n h\}$ 在 $L^1(\mu)$ 中是弱柯西列. 依文献 [92] 可知, $L^1(\mu)$ 是弱序列完备的, 故应用定理 4.3.2, 存在 $T(h)\in L^1(\mu)$ 使得对于任意的 $u\in L^{\infty}(\mu)$, 有

$$\lim_{n\to\infty}\int_{\Omega}f_n hu\mathrm{d}\mu=\int_{\Omega}T(h)\,u\mathrm{d}\mu.$$

显然, 映射 $T:\mathcal{L}^{\alpha'}(\mu)\mapsto L^1(\mu)$ 是线性的. 另外, 因为

$$\begin{aligned}\|T(h)\|_1&=\sup_{u\in L^{\infty}(\mu),\|u\|_{\infty}\leqslant 1}\left|\int_{\Omega}T(h)\,u\mathrm{d}\mu\right|\\&=\sup_{u\in L^{\infty}(\mu),\|u\|_{\infty}\leqslant 1}\lim_{n\to\infty}\left|\int_{\Omega}f_n hu\mathrm{d}\mu\right|\\&\leqslant\sup_{u\in L^{\infty}(\mu),\|u\|_{\infty}\leqslant 1}\left(\lim_{n\to\infty}\alpha(f_n)\,\alpha'(hu)\right)\\&\leqslant\sup_{u\in L^{\infty}(\mu),\|u\|_{\infty}\leqslant 1}\left(s\alpha'(h)\,\|u\|_{\infty}\right)\\&=s\alpha'(h)\,,\end{aligned}$$

所以 T 是有界的线性算子, 从而对于任意的 $u,w\in L^{\infty}(\mu)$ 和 $h\in\mathcal{L}^{\alpha'}(\mu)$, 可得

$$\int_{\Omega}T(hw)\,u\mathrm{d}\mu=\lim_{n\to\infty}\int_{\Omega}f_n(hw)\,u\mathrm{d}\mu=\int_{\Omega}T(h)\,wu\mathrm{d}\mu,$$

说明 $T(hw)=T(h)\,w$. 又因为 α 是连续的, 再次应用定理 4.3.1 中结论 (2) 和定理 4.3.2 可知, 存在一个函数 $f\in\mathcal{L}^{\alpha''}(\mu)=\mathcal{L}^{\alpha}(\mu)=L^{\alpha}(\mu)$, 使得对于任意的 $h\in\mathcal{L}^{\alpha'}(\mu)$, $T(h)=fh$. 因此, 依 T 的定义可得 $f_n\to f$ 是弱收敛的.

(2) $\Rightarrow$ (1). 假设 $L^{\alpha}(\mu)$ 是弱序列完备的, 设 $f \in \mathcal{L}^{\alpha}(\mu)$, 则根据可测函数的逼近理论, 可选取一列简单函数 $\{s_n\}$ 满足 $0 \leqslant s_1 \leqslant s_2 \leqslant \cdots$, 对于任意的 $z \in \Omega$ 有 $s_n(z) \to |f(z)|$. 如果 $h \in \mathcal{L}^{\alpha'}(\mu)$, 且 $h \geqslant 0$, 应用单调收敛定理可得

$$\lim_{n\to\infty}\int_{\Omega} s_n h\mathrm{d}\mu = \int_{\Omega} |f|\, h\mathrm{d}\mu. \tag{4.1}$$

$\mathcal{L}^{\alpha'}(\mu)$ 是其上的非负函数的线性张, 故式 (4.1) 中的极限对于任意的 $h \in \mathcal{L}^{\alpha'}(\mu)$ 都成立, 于是 $\{s_n\}$ 在 $L^{\alpha}(\mathbb{T})$ 中是弱柯西列. 因此, 存在一个函数 $w \in L^{\alpha}(\mathbb{T})$, 使得对于任意的 $h \in \mathcal{L}^{\alpha'}(\mathbb{T})$ 有

$$\lim_{n\to\infty}\int_{\Omega} s_n h\mathrm{d}\mu = \int_{\Omega} wh\mathrm{d}\mu.$$

显然, $|f| = w \in L^{\alpha}(\mu)$, 即 $f \in L^{\alpha}(\mu)$. 因此, $\mathcal{L}^{\alpha}(\mu) = L^{\alpha}(\mu)$.

4.4 广义控制收敛定理

设 α 是 $L^{\infty}(\mu)$ 上的一个规范 gauge 范数. 用记号 G_{α} 表示 Ω 上保持测度不变的变换 γ 的全体, 且对于任意的 $f \in L^{\infty}(\mu)$, 有

$$\alpha(f\circ\gamma) = \alpha(f).$$

显然, G_{α} 是 $\mathbb{MP}(\Omega,\mu)$ 中最大的子群 G, 其中 α 是保持 G 不变的范数.

引理 4.4.1 设 α 是 $L^{\infty}(\mu)$ 上的一个规范 gauge 范数. 如果 $\{f_n\}$ 是 Ω 上一个可测函数列, 且满足 $\alpha(f_n) \to 0$, 则 $f_n \to 0$ 依测度收敛.

证明 反证法. 假设 $\alpha(f_n) \to 0$, 但 $\{f_n\}$ 不依测度收敛于 0, 则存在 $\varepsilon > 0$ 和子列 $\{f_{n_k}\}$, 使得当 $E_k = \{\omega \in \Omega : |f_{n_k}(\omega)| \geqslant \varepsilon\}$ 时, $\mu(E_k) \geqslant \varepsilon$, 且 $\alpha(f_{n_k}) \leqslant \dfrac{\varepsilon}{2^k}$ $(k \in \mathbb{N})$. 由于 $|f_n| \geqslant \varepsilon\chi_{E_n}$, 对于任意的 $k \in \mathbb{N}$ 有

$$\alpha(\chi_{E_k}) \leqslant \frac{1}{\varepsilon}\alpha(f_{n_k}) \leqslant \frac{1}{2^k}.$$

当 $n \in \mathbb{N}$ 时, 令 $F_n = \bigcup\limits_{k=n}^{\infty} E_k$, 取

$$E = \bigcap_{n=1}^{\infty} F_n,$$

则

$$\mu(E) = \lim_{n\to\infty}\mu(F_n) \geqslant \varepsilon,$$

对于任意的 $n \in \mathbb{N}$,

$$0 < \alpha(\chi_E) \leqslant \alpha(\chi_{F_n}) \leqslant \sum_{k=n}^{\infty} \alpha(\chi_{E_k}) \leqslant \sum_{k=n}^{\infty} \frac{1}{2^k} \to 0. \tag{4.2}$$

不等式 (4.2) 不成立, 故 $f_n \to 0$ 依测度收敛.

引理 4.4.2　设 α 是 $L^\infty(\mu)$ 上的一个规范 gauge 范数, 则下列论述等价:

(1) α 是连续的规范 gauge 范数.

(2) 对于任意的 $f \in L^\alpha(\mu)$, 有

$$\lim_{\mu(E)\to 0} \alpha(f\chi_E) = 0.$$

证明　(1) $\Rightarrow$ (2). 设 α 是连续的 gauge 范数, $f \in L^\alpha(\mu)$, 且 $\varepsilon > 0$. 根据 $L^\infty(\mu)$ 在 $L^\alpha(\mu)$ 稠密, 故选取 $g \in L^\infty(\mu)$, 使得

$$\alpha(f-g) < \varepsilon/2.$$

α 是连续的, 则存在一个 $\delta > 0$ 使得当 $\mu(E) < \delta$ 时, 有

$$\alpha(\chi_E) < \varepsilon/\left[2\left(1+\|g\|_\infty\right)\right].$$

因此, 当 $\mu(E) < \delta$ 时,

$$\alpha(f\chi_E) \leqslant \alpha((f-g)\chi_E) + \alpha(g\chi_E) \leqslant \alpha(f-g)\|\chi_E\|_\infty + \|g\|_\infty \alpha(\chi_E) < \varepsilon,$$

由此可得

$$\lim_{\mu(E)\to 0} \alpha(f\chi_E) = 0.$$

(2) $\Rightarrow$ (1). 令 $f = 1$, 则结论 (1) 成立.

设 α 是 $L^\infty(\mu)$ 上一个连续的规范 gauge 范数, 可测函数集 $\mathcal{S}$ 称为 α 等价连续类 (equicontinuous), 是指对于任意的 $\varepsilon > 0$, 存在一个 $\delta > 0$, 使得对于任意的可测集 E, 有

$$[\mu(E) < \delta\ ,\ f \in \mathcal{S}] \Rightarrow \alpha(f\chi_E) \leqslant \varepsilon.$$

注意到, 如果 $f \in L^\alpha(\mu)$, 则在引理 4.4.2 中, 可测函数集 $\{f\}$ 是 α 等价连续类. 在范数 α 下, 定义由 $\mathcal{S}$ 控制的集合为 $\{u(h\circ\tau) : \|u\|_\infty \leqslant 1, \tau \in G_\alpha, h \in \mathcal{S}\}$ 的闭 (依测度) 凸包, 用 $\mathcal{D}_\alpha(\mathcal{S})$ 表示. 设 $h \in \mathcal{S}$, 如果 $|f| \leqslant |h|$, 则存在一个函数 u 满足 $\|u\|_\infty \leqslant 1$, 使得 $f = uh$, 故 $f \in \mathcal{D}_\alpha(\mathcal{S})$. 因此, 由集合 $\mathcal{S}$ 中函数控制的所有满足条件 $|f| \leqslant |g|$ 的可测函数属于 $\mathcal{D}_\alpha(g)$. 同时, 如果 μ 是 $[0,1]$ 上的一个勒

贝格测度, α 是一个规范 gauge 范数, 使得 G_α 包含模 1 后余 $1/n$ 的变换类, 则当 $h = n\chi_{[0,\frac{1}{n})}$ 时, 常数

$$1 = \frac{1}{n}\sum_{k=0}^{n-1} n\chi_{[\frac{k}{n},\frac{k+1}{n})}$$

属于 $\mathcal{D}_\alpha(\{h\})$.

下面给出关于连续规范 gauge 范数的广义控制收敛定理. 需要说明的是, 经典的勒贝格控制收敛定理中, 逐点收敛的条件可以减弱为依测度收敛. 同时, 下面的结论覆盖了所有 $L^p(\mu)$ 空间中的结论, 其中 $1 \leqslant p < \infty$.

定理 4.4.1 设 α 是 $L^\infty(\mu)$ 上一个连续的规范 gauge 范数, 且 $\mathcal{S} \subset L^\alpha(\mu)$ 是定义在 Ω 上的 α 等价连续的可测函数类, 则

(1) $\mathcal{D}_\alpha(\mathcal{S})$ 是 α 等价连续类;

(2) $\mathcal{D}_\alpha(\mathcal{S}) \subseteq L^\alpha(\mu)$;

(3) 在 $\mathcal{D}_\alpha(\mathcal{S})$ 上, 由范数 α 诱导的拓扑与由依测度收敛诱导的拓扑一致.

特别地, 如果 $\{f_n\}$ 是 $\mathcal{D}_\alpha(\mathcal{S})$ 上的序列, 且 $f_n \to f$ 依测度收敛, 则

$$\alpha(f_n - f) \to 0.$$

证明 (1) 令 $\mathcal{K}$ 表示 $\{u(h\circ\tau) : \|u\|_\infty \leqslant 1, \tau\in G_\alpha, h\in\mathcal{S}\}$ 的凸包, 则 $\mathcal{D}_\alpha(\mathcal{S}) = \overline{\mathcal{K}}^\alpha$. 设 $\varepsilon > 0$, $\mathcal{S}$ 是 α 等价连续类, 故存在一个 $\delta > 0$, 使得当 $\mu(E) < \delta$ 时, 对于任意的 $f \in \mathcal{S}$, 有 $\alpha(f) \leqslant \varepsilon$. 设 $h \in \mathcal{K}$, 根据凸包的定义, 存在 $g_1, \cdots, g_n \in \mathcal{S}$, $\tau_1, \cdots, \tau_n \in G_\alpha$, $u_1, \cdots, u_n \in \mathrm{Ball}(L^\infty(\mu))$, $t_1, \cdots, t_n \in [0,1]$. 当 $\sum\limits_{k=1}^{n} t_k = 1$ 时,

$$h = \sum_{k=1}^{n} t_k u_k(g_k \circ \tau_k).$$

因此

$$\begin{aligned}
\alpha(h\chi_E) &= \alpha\left(\sum_{k=1}^{n} t_k u_k(g_k\circ\tau_k)\chi_E\right) \leqslant \sum_{k=1}^{n} t_k\alpha(u_k(g_k\circ\tau_k)\chi_E) \\
&\leqslant \sum_{k=1}^{n} t_k\|u_k\|_\infty \alpha((g_k\circ\tau_k)\chi_E) \leqslant \sum_{k=1}^{n} t_k\alpha((g_k\circ\tau_k)\chi_E) \\
&= \sum_{k=1}^{n} t_k\alpha\left(g_k\left(\chi_E\circ\tau_k^{-1}\right)\right) = \sum_{k=1}^{n} t_k\alpha\left(g\left(\chi_{\tau_k(E)}\right)\right) \leqslant \sum_{k=1}^{n} t_k\varepsilon \\
&= \varepsilon.
\end{aligned}$$

再由 Hahn-Banach 延拓定理可知, $\mathcal{D}_{\alpha}(\mathcal{S})$ 是 α 等价连续类.

(2) 注意到 $\mathcal{K}$ 是 $\{u(h\circ\tau):\|u\|_{\infty}\leqslant 1,\tau\in G_{\alpha},h\in\mathcal{S}\}$ 的凸包, 结合 $\mathcal{S}\subset L^{\alpha}(\mu)$ 可得

$$\forall h\in\mathcal{K},\ \alpha(u(h\circ\tau))\leqslant\|u\|_{\infty}\alpha(h\circ\tau)=1\cdot\alpha(h)<\infty,$$

即 $\mathcal{K}\subseteq L^{\alpha}(\mu)$, 从而

$$\mathcal{D}_{\alpha}(\mathcal{S})=\overline{\mathcal{K}}^{\alpha}\subseteq L^{\alpha}(\mu).$$

(3) 显然, 范数收敛蕴含着依测度收敛. 下面证明在 $\mathcal{D}_{\alpha}(\mathcal{S})$ 中, 依测度收敛蕴含着依 α 范数收敛.

事实上, 设 $\varepsilon>0$, $\{h_{\lambda}\}$ 是 $\mathcal{K}$ 中满足 $h_{\lambda}\to 0$ 依测度收敛的一个网, 规定 δ 如定理 4.4.1 证明 (1) 中所取. 对于任意的 λ, 如果令

$$E_{\lambda}=\{\omega\in\Omega:|h_{\lambda}(\omega)|\geqslant\delta\},$$

则存在一个 λ_0, 使得对于任意的 $\lambda\geqslant\lambda_0$, 有

$$\mu(E_{\lambda})<\delta.$$

故当 $\lambda\geqslant\lambda_0$ 时,

$$\alpha(h_{\lambda})\leqslant\alpha(h_{\lambda}\chi_{E_{\lambda}})+\alpha\left(h_{\lambda}\chi_{\Omega\backslash E_{\lambda}}\right)\leqslant\varepsilon+\alpha\left(\varepsilon\chi_{\Omega\backslash E_{\lambda}}\right)\leqslant 2\varepsilon.$$

因此, $\alpha(h_n)\to 0$.

设 $\{g_n\}$ 是 $\mathcal{K}$ 中的一个序列, 且 $g_n\to f$ 依测度收敛, 则当 m 和 n 趋于无穷大时, $\frac{1}{2}(g_m-g_n)\in\mathcal{K}$, 且 $\frac{1}{2}(g_m-g_n)\to 0$ 依测度收敛, 从而 $\frac{1}{2}\alpha(g_m-g_n)\to 0$. 注意到 $L^{\alpha}(\mu)$ 是完备的, 故存在一个函数 $h\in L^{\alpha}(\mu)$, 使得 $\alpha(h-g_n)\to 0$. 应用引理 4.4.1 可知, $g_n\to h$ 依测度收敛, 于是根据极限的唯一性有 $h=f$, 因此 $\alpha(f-g_n)\to 0$.

最后, 设 $\{f_n\}$ 是 $\mathcal{D}_{\alpha}(\mathcal{S})$ 中一个满足 $f_n\to f$ 依测度收敛的序列. $\mathcal{D}_{\alpha}(\mathcal{S})$ 是集合 $\mathcal{K}$ 在测度收敛下的闭包, 故选取序列 $\{g_n\}\subset\mathcal{K}$, 使得 $f_n-g_n\to 0$ 依测度收敛, 则 $\alpha(f_n-g_n)\to 0$. 于是 $g_n\to f$ 依测度收敛, 从而 $\alpha(f-g_n)\to 0$, 因此

$$\alpha(f-f_n)\leqslant\alpha(f-g_n)+\alpha(g_n-f_n)\to 0.$$

证毕.

在定理 4.4.1 中, 若令 $\mathcal{S}=\{g\}$, 则可得到形式与勒贝格控制收敛定理更相似的结论.

推论 4.4.1 设 α 是 $L^{\infty}(\mu)$ 上连续的 gauge 范数, $g\in L^{\alpha}(\mu)$. 若 $\{f_n\}$ 是 $\mathcal{D}_{\alpha}(g)$ 中一个满足 $f_n\to f$ 依测度收敛的序列, 则

(1) $f\in L^{\alpha}(\mu)$;

(2) $\alpha(f_n-f)\to 0$.

4.5 向量值勒贝格空间 $L^{\alpha}(\mathbb{T},X)$

设 Y 是一个可分的巴拿赫空间, (Ω,μ) 是一个测度空间, $\varphi:\Omega\mapsto Y$ 是一个可测函数. 定义 $|\varphi|:\Omega\mapsto[0,\infty)$ 为 $|\varphi|=\|\cdot\|\circ\varphi$, 即对于任意的 $\omega\in\Omega$, 有

$$|\varphi|(\omega)=\|\varphi(\omega)\|.$$

如果 α 是 $L^{\infty}(\mu)$ 上的一个规范 gauge 范数, 定义相应的向量值勒贝格空间为

$$L^{\alpha}(\mu,Y)=\{\varphi:\Omega\mapsto Y:\ |\varphi|\in L^{\alpha}(\mu)\}.$$

若 Ω 是一个集合, Y 是一个可分的巴拿赫空间, $u:\Omega\mapsto\mathbb{C}$, 且 $y\in Y$, 则定义映射 $u\cdot y:\Omega\mapsto Y$ 为

$$(u\cdot y)(\omega)=u(\omega)y.$$

进一步, 设 Ω 是一个拓扑空间, μ 是定义在博雷尔 σ 代数 $\mathrm{Bor}(\Omega)$ 上的一个概率测度. 如果鲁津定理的结论在 (Ω,μ) 上成立, 即对于任意的复可测函数 $f:\Omega\mapsto\mathbb{C}$, 给定 $\varepsilon>0$, 存在一个有界的连续函数 h, 使得 $\|h\|_{\infty}\leqslant\|f\|_{\infty}$, 且

$$\mu(\{\omega\in\Omega:f(\omega)\neq h(\omega)\})<\varepsilon,$$

则称 (Ω,μ) 是一个鲁津空间.

上述鲁津定理的结论成立, 当且仅当对于任意的博雷尔集合 E, 取 $f=\chi_E$, $0\leqslant h\leqslant 1$ 时成立. 众所周知, 空间 (Ω,μ) 是一个鲁津空间, 如果满足:

(1) Ω 是一个度量空间;

(2) Ω 是一个紧 Hausdorff 空间, 且 μ 是一个正则的博雷尔测度;

(3) Ω 是一个赋范拓扑空间, 对于每一个博雷尔集合 E, 有

$$\mu(E)=\inf\{\mu(U):E\subset U\ ,\ U\ \text{是开集}\}.$$

令 $C_b(\Omega)$ 表示有界连续函数的全体, 当 Y 是一个巴拿赫空间时, $C_b(\Omega,Y)$ 表示从 Ω 到 Y 的有界连续函数的全体. 显然, 如果 $u\in C_b(\Omega)$, $y\in Y$, 则 $u\cdot y\in C_b(\Omega,Y)$.

定理 4.5.1　设 Y 是一个可分的巴拿赫空间, (Ω,μ) 是满足鲁津定理的鲁津空间. 如果 α 是 $L^{\infty}(\Omega,\mu)$ 上一个连续的规范 gauge 范数, 则

(1) $C_b(\Omega,Y)$ 在 $L^{\alpha}(\mu,Y)$ 中稠密.

(2) $L^{\alpha}(\mu,Y)=\overline{\{u\cdot y:\ u\in C_b(\Omega,Y),\ y\in Y\}}^{\alpha}$.

(3) 当 $L^1(\mu)$ 可分时, $L^{\alpha}(\mu,Y)$ 是可分的.

证明　(1) 与 (2). 设 $f\in L^{\alpha}(\mu,Y)$, 给定 $\varepsilon>0$. 因为 Y 是可分的, 所以存在 Y 的一个可测分割 $\{E_1,E_2,\cdots,E_n,\cdots\}$, 对于任意的 $n\in\mathbb{N}$, 每一个 E_n 的直径都小于 $\varepsilon/37$. 令 $A_n=f^{-1}(E_n)$, 选取 $\omega_n\in A_n$ (不妨设 $A_n\neq\varnothing$), 定义

$$g=\sum_{n=1}^{\infty}f(\omega_n)\chi_{A_n}.$$

如果 $n\in\mathbb{N},\omega\in A_n$, 则 $f(\omega),f(\omega_n)\in E_n$, 意味着 $\|f(\omega)-f(\omega_n)\|<\varepsilon$, 从而

$$\alpha(f-g)=\alpha|(f-g)|\leqslant\|f-g\|_{\infty}\leqslant\varepsilon/37.$$

因此 $g\in L^{\alpha}(\mu,Y)$. 又因为 $1=\mu(\Omega)=\sum_n\mu(A_n)$, 于是

$$\lim_{n\to\infty}\mu\left(\bigcup_{k>n}A_k\right)=0.$$

根据引理 4.4.2 可知,

$$\lim_{n\to\infty}\alpha\left(g-\sum_{k=1}^{n}f(\omega_k)\chi_{A_k}\right)=\lim_{n\to\infty}\alpha\left(g\chi_{\bigcup\limits_{k>n}A_k}\right)=\lim_{n\to\infty}\alpha\left(|g|\chi_{\bigcup\limits_{k>n}A_k}\right)=0,$$

于是存在一个 $n\in\mathbb{N}$, 使得

$$\alpha\left(g-\sum_{k=1}^{n}f(\omega_k)\chi_{A_k}\right)<\varepsilon/37.$$

注意到范数 α 是连续的,

$$\{\chi_{A_k}\}_{k=1}^{n}\subset L^{\alpha}(\Omega)=\overline{C(\Omega)}^{\alpha},$$

故存在函数 $h_1,\cdots,h_n\in C(\Omega,Y)$, 使得

$$\sum_{k=1}^{n}\|f(\omega_k)\|\,\alpha(\chi_{A_k}-h_k)<\varepsilon/37.$$

从而

$$\alpha\left(\sum_{k=1}^{n} f(\omega_k)\chi_{A_k} - \sum_{k=1}^{n} f(\omega_k) h_k\right) < \varepsilon/37.$$

因此, $h = \sum\limits_{k=1}^{n} f(\omega_k) h_k \in C(\Omega, Y)$, 且

$$\alpha(f-h) < \varepsilon.$$

(3) 若 $L^1(\mu)$ 是可分的, 则存在一个可数的特征函数集族 $\mathcal{E}$, 使得其在 $L^1(\mu)$ 的特征函数集中关于 L^1 范数稠密, 于是依控制收敛定理 4.4.1 可知, $\mathcal{E}$ 在特征函数集中关于 α 稠密. 根据简单函数的构造可知, $\mathcal{E}$ 的线性闭包 $\mathrm{span}(\mathcal{E})$ 在简单函数全体中关于 α 稠密. 因为 $\alpha \leqslant \|\cdot\|_{\infty}$, 所以 $\mathrm{span}(\mathcal{E})$ 在 $L^{\infty}(\mu)$ 中关于 α 稠密, 从而依 $L^{\alpha}(\mu)$ 的定义, $\mathrm{span}(\mathcal{E})$ 在 $L^{\alpha}(\mu)$ 中稠密. 如果 Y 是可分巴拿赫空间, 则取可数集 $\{y_n : n \in \mathbb{N}\}$ 在 Y 中稠密, 于是由结论 (2) 可得, $\mathrm{span}(\{\chi_E \cdot y_n : n \in \mathbb{N}, E \in \mathcal{E}\})$ 在 $L^{\alpha}(\mu, Y)$ 中稠密, 因此 $L^{\alpha}(\mu, Y)$ 是可分的.

因为 $L^{\infty}(\mu)$ 是 $L^1(G, \mu)$ 的对偶空间, 所以 $L^{\infty}(\mu)$ 具有弱 * 拓扑. 类似地, 在向量值函数空间中, 也有同样的弱 * 拓扑.

定义 4.5.1 设 $L^{\infty}(\Omega, Y)$ 为可测函数 $f : \Omega \mapsto Y$ 的全体 (等价类), 其中 $|f| \in L^{\infty}(\Omega, \mu)$. $L^{\infty}(\Omega, Y)$ 上的 w*w 拓扑是指 $L^{\infty}(\Omega, Y)$ 中的一个网 $\{f_\lambda\}$ 依 w*w 收敛到 f, 当且仅当对于任意的连续线性泛函 $\varphi \in Y^{\sharp}$,

$$\varphi \circ f_\lambda \to \varphi \circ f$$

在 $L^{\infty}(\mu)$ 中是弱 * 收敛的.

最后指出, 广义控制收敛定理同样可以应用到向量值函数空间 $L^{\alpha}(\mu, Y)$ 上. 设 α 是一个连续的规范 gauge 范数, $g \in L^{\alpha}(\mu)$. 如果 $\{f_n\}$ 是 $L^{\alpha}(\mu, Y)$ 中的一个序列, 对于每一个 $n \geqslant 1$, $|f_n| \in \mathcal{D}_{\alpha}(g)$, 则 $f_n \to f$ 依测度收敛 ($\exists f : \Omega \to Y$), 当且仅当 $\alpha(f_n - f) \to 0$, 且 $f \in L^{\alpha}(\mu, Y)$. 事实上, $f_n \to f$ 依测度收敛, 当且仅当 $|f_n - f| \to 0$ 依测度收敛, 而 $\alpha(f_n - f) \to 0$, 当且仅当 $\alpha(|f_n - f|) \to 0$, 从而结论成立.

4.6 紧集上的卷积表示

在本节中, 设 G 是一个紧拓扑空间, μ 为 G 上的 Haar 测度. 令 $G_{\mathrm{L}} = \{\lambda_a : a \in G\}$, $G_{\mathrm{R}} = \{\rho_a : a \in G\}$. 因为 μ 是 G 上的 Haar 测度, 所以 $G_{\mathrm{L}} \subset \mathbb{MP}(G)$, $G_{\mathrm{R}} \subset \mathbb{MP}(G)$. 如果规范 gauge 范数 α 保持 G_{L} 不变 (或者保持 G_{R} 不变), 则称范数 α 是保持 G 左不变的 (或者保持 G 右不变的). 此时, 若 f 的定义域是 G, 定义函数 $f_a = f \circ \rho_a$, 且 ${}_af = f \circ \lambda_a$.

4.6.1 博赫纳积分

设 (Ω,μ) 是一个测度空间, X 是一个巴拿赫空间. 对于可测函数 $f:\Omega\mapsto X$, 它的博赫纳积分 [93] $\int_\Omega f\mathrm{d}\mu\in X$ 最初定义在简单函数上, 如下表示:

$$\int_\Omega\sum_{k=1}^n x_i\chi_{E_i}\mathrm{d}\mu=\sum_{k=1}^n\mu\left(E_i\right)x_i.$$

对于任意的可测函数 $f:\Omega\mapsto X$, f 称为博赫纳可积的, 如果存在一列从 Ω 到 X 的简单函数列 $\{s_n\}$, 使得当 $|f-s_n|\left(\omega\right)=\|f\left(\omega\right)-s_n\left(\omega\right)\|$ 时, 有

$$\lim_{n\to\infty}\int_\Omega|f-s_n|\,\mathrm{d}\mu=0.$$

由于

$$\begin{aligned}&\lim_{m,n\to\infty}\left\|\int_\Omega s_m\mathrm{d}\mu-\int_\Omega s_n\mathrm{d}\mu\right\|\leqslant\lim_{m,n\to\infty}\int_\Omega|s_m-s_n|\,\mathrm{d}\mu\\ \leqslant&\lim_{m,n\to\infty}\int_\Omega|f-s_n|\,\mathrm{d}\mu+\int_\Omega|f-s_m|\,\mathrm{d}\mu=0,\end{aligned}$$

此时, 定义任意可测函数 f 的博赫纳积分为

$$\int_\Omega f\mathrm{d}\mu=\lim_{n\to\infty}\int_\Omega s_n\mathrm{d}\mu\ .$$

下面的命题给出了博赫纳积分的一些基本性质, 具体的证明参考文献 [93].

命题 4.6.1　设 (Ω,μ) 是一个测度空间, X 是一个巴拿赫空间. 如果 $f:\Omega\mapsto X$ 是可测的, 则下面结论成立:

(1) $\left\|\int_\Omega f\mathrm{d}\mu\right\|\leqslant\int_\Omega\|f\left(\omega\right)\|\,\mathrm{d}\mu\left(\omega\right).$

(2) 若 W 是一个巴拿赫空间, $T:X\mapsto W$ 是一个连续的线性映射, 则

$$T\left(\int_\Omega f\mathrm{d}\mu\right)=\int_G\left(T\circ f\right)\mathrm{d}\mu.$$

(3) 若 Ω 是一个紧 Hausdorff 空间, $f:\Omega\mapsto X$ 是连续的, 则 f 是博赫纳可积的.

(4) 若 $f,h:\Omega\mapsto X$ 是博赫纳可积的, $a,b\in\mathbb{C}$, 则 $af+bh$ 是博赫纳可积的, 且

$$\int_\Omega\left(af+bh\right)\mathrm{d}\mu=a\int_\Omega f\mathrm{d}\mu+b\int_\Omega h\mathrm{d}\mu.$$

(5) 若 $\tau \in \mathbb{MP}(\Omega, \mu)$ 和 $f: \Omega \mapsto X$ 是博赫纳可积的, 则 $\int_\Omega f \circ \tau \mathrm{d}\mu = \int_\Omega f \mathrm{d}\mu$.

4.6.2 $L^\alpha(G, \mathcal{A})$ 上的卷积

设 $\mathcal{A}$ 是一个可分的有单位的巴拿赫代数. 映射

$$K: C(G, \mathcal{A}) \times C(G, \mathcal{A}) \mapsto C(G, \mathcal{A})$$

定义为

$$K(f, g)(\omega) = f(\omega) \cdot ({}_{\omega^{-1}}g).$$

很显然, $K(f, g): G \mapsto C(G, \mathcal{A})$ 是连续的线性双射. 接下来定义紧集 G 上的卷积 $f * g$ 为如下博赫纳积分:

$$f * g = \int_G K(f, g)(\omega) \mathrm{d}\mu(\omega).$$

设 $x \in G$, 则由下述方式定义的映射 $T_x: C(G, \mathcal{A}) \mapsto \mathcal{A}$,

$$T_x(h) = h(x)$$

是有界线性映射, 从而

$$\begin{aligned}
(f * g)(x) &= T_x\left(\int_G K(f, g)(\omega) \mathrm{d}\mu(\omega)\right) \\
&= \int_G T_x\left(f(\omega) \cdot f(\omega) \cdot ({}_{\omega^{-1}}g)\right) \mathrm{d}\mu(\omega) \\
&= \int_G f(\omega) g\left(w^{-1}x\right) \mathrm{d}\mu(\omega) \\
&= \int_G f\left(\omega^{-1}\right) g(\omega x) \mathrm{d}\mu(\omega) \\
&= \int_G f(xz) g(z) \mathrm{d}\mu(z) \\
&= \int_G f_z \cdot g(z) \mathrm{d}\mu(z).
\end{aligned}$$

如果 α 是保持 G 左不变的范数, 根据命题 4.6.1 可得

$$\alpha(f * g) \leqslant \int \|f(\omega)\| \alpha({}_{\omega^{-1}}g) \mathrm{d}\mu(\omega) = \int_G \|f(\omega)\| \alpha(g) \mathrm{d}\mu = \|f\|_1 \alpha(g).$$

如果 α 是保持 G 右不变的范数, 则

$$\alpha(f*g)\leqslant\int_G\alpha(f_z\cdot g(z))\,\mathrm{d}\mu(z)=\int_G\alpha(f_z)\|g(z)\|\,\mathrm{d}\mu(z)=\alpha(f)\|g\|_1.$$

当 $1\leqslant p<\infty$ 时, 令 $\alpha=\|\cdot\|_p$, 则对于任意的 $g\in L^1(G,\mu)$ 有

$$\|f*g\|_p\leqslant\|f\|_p\|g\|_1. \tag{4.3}$$

如果 $f\in L^\infty(G,\mu)$, 在不等式 (4.3) 中取 $p\to\infty$, 即得

$$\|f*g\|_\infty\leqslant\|f\|_\infty\|g\|_1.$$

由于 G_{L} 和 G_{R} 是 G 上保持测度的遍历群, 若 α 是保持 G 左不变或者保持 G 右不变的范数, 则 $\|\cdot\|_1\leqslant\alpha$. 因此, 对于任意的 $f,g\in C(G,\mathcal{A})\subset L^\alpha(\mu,\mathcal{A})$,

$$\alpha(f*g)\leqslant\alpha(f)\alpha(g).$$

从而卷积映射 $*:C(G,\mathcal{A})\times C(G,\mathcal{A})\mapsto C(G,\mathcal{A})$ 在 $L^\alpha(\mu,\mathcal{A})$ 中是连续的线性双射. 同时, 因为 $C(G,\mathcal{A})$ 在 $L^\alpha(\mu,\mathcal{A})$ 中稠密, 所以由 Hahn-Banach 延拓定理可知, 存在唯一的延拓卷积双射 $*:L^\alpha(\mu,\mathcal{A})\times L^\alpha(\mu,\mathcal{A})\mapsto L^\alpha(\mu,\mathcal{A})$. 此时, 对于任意的 $f,g\in L^\alpha(\mu,\mathcal{A})$, 可以验证

$$\alpha(f*g)\leqslant\alpha(f)\alpha(g).$$

显然, 当 $\mathcal{A}=\mathbb{C}$ 时, 映射 $*$ 为经典的 L^p 空间中的卷积.

引理 4.6.1 设 $a,b\in\mathcal{A}$, $u,v\in C(G)$, 则

$$(u\cdot a)*(v\cdot b)=(u*v)\cdot(ab).$$

证明 设 $x\in G$. 根据卷积的定义可推得

$$\begin{aligned}[(u\cdot a)*(v\cdot b)](x)&=\int_G u(\omega)av\left(\omega^{-1}x\right)b\mathrm{d}\mu(\omega)\\&=\left[\int_G u(\omega)v\left(\omega^{-1}x\right)\mathrm{d}\mu(\omega)\right]\\&=(u*v)\cdot(ab)(x),\end{aligned}$$

故结论成立.

由引理 4.6.1 可以得出如下关于卷积的推论.

推论 4.6.1 设 α 是一个保持 G 左不变或者右不变的规范化范数. 如果 $\mathcal{A}$ 和 G 是交换群, 则对于任意的 $f, g \in L^{\alpha}(\mu, \mathcal{A})$, 有

$$f * g = g * f.$$

引理 4.6.2 设 α 是 $L^{\infty}(G, \mu)$ 上一个连续的保持 G 左不变或者保持 G 右不变的规范化范数, $\mathcal{A}$ 是一个有单位的可分巴拿赫代数, 则当 $f, g, h \in L^{\alpha}(\mu, \mathcal{A})$ 时,

$$(f * g) * h = f * (g * h).$$

证明 因为 $\{u \cdot a : u \in C(G), a \in \mathcal{A}\}$ 的线性张在 $L^{\alpha}(\mu, \mathcal{A})$ 中是稠密的, 卷积 $*$ 是连续的双射, 所以存在函数 $u, v, w \in C(G)$ 和 $a, b, c \in \mathcal{A}$, 使得

$$f = u \cdot a, \ g = v \cdot b, \ h = w \cdot c.$$

从而依据引理 4.6.1 及卷积的结合律可推出引理成立.

接下来, 若 $f : G \mapsto \mathbb{C}$ 是有界函数, 则用 $\|f\|_G$ 表示 $\sup\{|f(\omega)| : \omega \in G\}$.

引理 4.6.3 设 G 是一个紧集, 则在 $C(G)$ 中存在一个网 $\{u_\lambda\}_{\lambda \in \Lambda}$, 使得

(1) 对于任意的 λ, $v_\lambda \geqslant 0$;

(2) 对于任意的 $f \in C(G)$,

$$\lim_{\lambda} \|f - f * v_\lambda\|_G = \lim \|f - v_\lambda * f\|_G = 0;$$

(3) 当 $f \in L^{\alpha}(\mu, \mathcal{A})$ 时, 有

$$\lim_{\lambda} \alpha(f - f * (v_\lambda \cdot 1)) = \lim_{\lambda} \alpha(f - (v_\lambda \cdot 1) * f) = 0.$$

证明 设 Λ 是包含有序数对 (F, ε) 的定向集, 其中 F 是 $C(G)$ 中的一个有限子集, $\varepsilon > 0$. 在 Λ 定义偏序为 $(\subset, \geqslant)$. 若 $\lambda = (F, \varepsilon) \in \Lambda$, 则可选取开集 $U = U_\lambda$, 使得

$$\sup\{\max(|f(x) - f(\omega x)|, |f(x) - f(x\omega)|) : \omega \in U, x \in G, f \in F\} < \varepsilon/4 .$$

令 $u = u_\lambda = \dfrac{1}{\mu(U)} \chi_U$, 对于任意的 $x \in G$ 和 $f \in F$, 有

$$\begin{aligned} |f(x) - (f * u)(x)| &= \left| \int_G f(x) u(z) \, \mathrm{d}\mu(z) - \int_G f(xz) u(z) \, \mathrm{d}z \right| \\ &\leqslant \sup_{z \in U} |f(xz) - f(x)| \int_G u(z) \, \mathrm{d}\mu(z) \end{aligned}$$

$$=\sup_{z\in U}|f(xz)-f(x)|<\varepsilon/4.$$

类似地, 可得

$$\begin{aligned}|f(x)-(u*f)(x)|&=\left|\int_G u(\omega)f(x)\,\mathrm{d}\mu(\omega)-\int_G u(w)f\left(w^{-1}x\right)\mathrm{d}\mu(\omega)\right|\\&\leqslant\sup_{\omega\in U}\left|f(x)-f\left(w^{-1}x\right)\right|\int_G u(\omega)\,\mathrm{d}\mu(\omega)\\&=\sup_{\omega\in U}\left|f(x)-f\left(w^{-1}x\right)\right|<\varepsilon/4.\end{aligned}$$

令 $M=\max\{\alpha(f):f\in F\}$. 依据鲁津定理, 存在一个连续函数 $v_\lambda\geqslant 0$, 使得 $\alpha(v_\lambda-u)<\varepsilon/(4M)$, 从而对于任意的 $f\in F$,

$$\begin{aligned}\alpha(f-v_\lambda*f)&\leqslant\alpha(f-u_\lambda*f)+\alpha((u_\lambda-v_\lambda)*f)\\&\leqslant\|f-u_\lambda*f\|_\infty+\alpha(u_\lambda-v_\lambda)\,\alpha(f)\\&<\varepsilon/4+M(\varepsilon/4M)=\varepsilon/2.\end{aligned}$$

同理, 对于任意的 $f\in F$, 可以推得

$$\alpha(f-f*v_\lambda)<\varepsilon/2.$$

故此时选取的网 $\{v_\lambda\}_{\lambda\in\Lambda}$ 满足结论 (1) 和结论 (2).

(3) 容易验证, 满足结论 (3) 中极限条件的函数 $f\in L^\alpha(\mu,\mathcal{A})$ 的全体是一个闭子空间, 因此只需证明若 $h\in C(G)$, $a\in\mathcal{A}$, 当 $f=h\cdot a$ 时结论成立即可. 事实上, 由结论 (2) 可以立即得到当 $f=h\cdot a$ 时极限成立, 故结论 (3) 成立.

下面的定理是上述内容的一个总结.

定理 4.6.1　设 G 是一个紧集, μ 为 G 上的 Haar 测度, $\mathcal{A}$ 是一个有单位的可分巴拿赫代数, α 是 $L^\infty(G,\mu)$ 上一个保持 G 左不变或者右不变的连续规范 gauge 范数, 则 $L^\alpha(\mu,\mathcal{A})$ 在卷积运算下是一个有近似双边单位元的巴拿赫代数.

4.6.3　紧交换群

设 G 是一个紧交换群, Γ 记作 G 的对偶群, 即由连续同态 $\gamma:G\mapsto\mathbb{T}$ 的全体构成的乘法群, 其中 $\gamma^{-1}=\bar{\gamma}$. 调和分析中 [94] 一个经典的结论是 Γ 为 $L^2(G,\mu)$ 中的一个正规正交基. 此外, 因为 Γ 在乘法运算与复共轭运算下封闭, 且 Γ 包含单位函数 1, 所以根据 Stone-Weierstrass 定理可知, Γ 的一致线性张 $\mathrm{span}(\Gamma)$ 在 $C(G)$ 中是稠密的.

下面给出一个基本引理.

引理 4.6.4 设 $\mathcal{A}$ 是一个可分的巴拿赫空间, α 是 $L^{\infty}(G,\mu)$ 上一个连续的保持 G 不变的规范化范数. 若 $f\in L^{\alpha}(\mu,\mathcal{A})$, $\gamma\in\Gamma$, 则

$$f*(\gamma\cdot 1)=\left[\int_G f(\omega)\overline{\gamma(\omega)}\mathrm{d}\mu(\omega)\right]\cdot\gamma.$$

引理 4.6.5 设 G 是一个紧交换群, Γ 记作 G 的对偶群. 在 Γ 的一致线性张 $\mathrm{span}(\Gamma)$ 中存在一个网 $\{s_\lambda\}$, 使得

(1) 对于任意的 λ, $s_\lambda\geqslant 0$, $\int_G s_\lambda\mathrm{d}\mu=1$.

(2) 若 $f\in C(G)$, 则 $f*s_\lambda\to f$ 在 G 上一致收敛.

(3) 若 $f\in L^{\infty}(G,\mu)$, 则 $f*s_\lambda\to f$ 弱 * 收敛, 且对于任意的 λ, $\|f*s_\lambda\|_\infty\leqslant\|f\|_\infty$.

(4) 设 Y 是一个可分的巴拿赫空间, α 是 $L^{\infty}(G,\mu)$ 上一个连续的保持 G 不变的规范化范数. 如果 $h\in L^{\alpha}(\mu,Y)$, 则

$$\alpha(h*s_\lambda-h)\to 0.$$

(5) 对于任意可分的有单位的巴拿赫代数 $\mathcal{A}$, $\{s_\lambda\cdot 1\}$ 是 $(L^{\alpha}(\mu,\mathcal{A}),*)$ 中的近似双边单位元.

(6) 若 Y 是一个可分的巴拿赫空间, α 是 $L^{\infty}(G,\mu)$ 上一个连续的保持 G 不变的规范化范数, 则函数集 $\{\gamma\cdot a:\gamma\in\Gamma,\ a\in Y\}$ 的线性闭包在 $L^{\alpha}(\mu,Y)$ 中稠密.

(7) 若 Y 是一个可分的巴拿赫空间, $f\in L^{\infty}(G,Y)$, 则

$$f*s_\lambda\to f$$

在 $L^{\infty}(G,Y)$ 中弱 * 收敛.

证明 (1) 和 (2) 如引理 4.6.3 证明中的构造, 选取定向集 Λ 和网 $\{v_\lambda\}_{\lambda\in\Lambda}$. 如果 $\lambda=(F,\varepsilon)\in\Lambda$, 依据 $\mathrm{span}(\Gamma)$ 在 $C(G)$ 中一致稠密, 则可选取 $s_\lambda\in\mathrm{span}(\Gamma)$, 使得

$$s_\lambda\geqslant 0,\quad \int_G s_\lambda\mathrm{d}\mu=\int_G v_\lambda\mathrm{d}\mu=1\quad 且\quad \|v_\lambda-s_\lambda\|_G<\varepsilon/(4N),$$

其中, $N=\max\{\|f\|_1:f\in F\}$. 从而对于任意的 $f\in F$, 有

$$\|(v_\lambda-s_\lambda)*f\|,\|f*(v_\lambda-s_\lambda)\|_\infty\leqslant\|f\|_1\|v_\lambda-s_\lambda\|_\infty<N\frac{\varepsilon}{4N}=\varepsilon/4,$$

因此

$$\|f - f * s_\lambda\|_G < \varepsilon, \quad \|f - s_\lambda * f\|_G < \varepsilon,$$

即 $f * s_\lambda \to f$ 在 G 上一致收敛.

(3) 设 $f \in L^\infty(G,\mu)$, 注意到当 $1 \leqslant p < \infty$ 时, $\|s_\lambda * f\|_p \leqslant \|f\|_p \leqslant \|f\|_\infty$, 且

$$\|s_\lambda * f\|_\infty = \lim_{p\to\infty} \|s_\lambda * f\|_p,$$

故 $\|s_\lambda * f\|_\infty \leqslant \|f\|_\infty$. 又由于 $s_\lambda * f \to f$ 在 $L^2(\mu)$ 中收敛, 于是 $s_\lambda * f \to f$ 在 $L^\infty(G, \mathrm{d}\mu)$ 中弱 * 收敛.

(4) 显然, 集合 $S = \{h \in L^\alpha(\mu, Y) : \alpha(h * s_\lambda - h) \to 0\}$ 在 $L^\alpha(\mu, Y)$ 关于 α 范数是闭的. 如果 $f \in C(G)$, $y \in Y$, 令 $h = f \cdot y$, 则由引理 4.6.5 中的结论 (2) 可得

$$\alpha(h * s_\lambda - h) = \alpha(f * s_\lambda - f)\|y\| \to 0.$$

再根据定理 4.5.1 的稠密性结论, $\{f \cdot y : f \in C(G),\ y \in Y\}$ 的线性闭包在 $L^\alpha(\mu, Y)$ 稠密, 故可证得结论 (4) 成立.

(5) 由结论 (4) 即可得结论 (5) 成立.

(6) 由于 Γ 的一致线性闭包等于 $C(G)$, 从而根据定理 4.5.1 中的结论 (2) 可推得结论 (6) 成立.

(7) 设 $\varphi \in Y^\sharp$, 因为对于任意的 λ, $\varphi \circ (f * s_\lambda) = (\varphi \circ f) * s_\lambda$, 且 $\varphi \circ f \in L^\infty(G,\mu)$, 所以由结论 (3) 知,

$$\varphi \circ ((f * s_\lambda) - f) = (\varphi \circ f) * s_\lambda - \varphi \circ f \to 0$$

在 $L^\infty(G,\mu)$ 中弱 * 收敛. 从而 $f * s_\lambda \to f$ 在 $L^\infty(\mu, Y)$ 中 w*w 收敛 (如定义 4.5.1 所述).

在向量值函数空间中, 同样存在傅里叶变换. 若 $f \in L^1(\mu, \mathcal{A})$, 定义傅里叶系数 $\hat{f} : \Gamma \mapsto \mathcal{A}$ 为

$$\hat{f}(\gamma) = \int_G f(\omega)\overline{\gamma(\omega)}\mathrm{d}\mu.$$

引理 4.6.6 设 $f, g \in L^1(\mu, \mathcal{A})$, $h, k \in C(G)$, $a, b \in \mathcal{A}$, 且 $\gamma \in \Gamma$. 则

(1) $(f \cdot a) * (g \cdot b) = (f * g) \cdot (ab)$.

(2) $\widehat{(f * g)}(\gamma) = \hat{f}(\gamma)\hat{g}(\gamma)$.

(3) $f * (\gamma \cdot 1) = \gamma \cdot \hat{f}(\gamma)$.

(4) $\hat{f} = 0$, 当且仅当 $f = 0$.

证明 (1) 和 (3) 根据卷积的定义即可推出结论成立.

(2) 依据卷积的双线性与连续性, 结合上述结论 (1) 可得结论.

(4) 由傅里叶系数的定义, 对照引理 4.6.5 即得结论.

注意到, 当 R 是一个有单位元的环, 它的雅各布森根 $\mathrm{Rad}(R)$ 是 R 中所有极大左理想的交. 环 R 是半单的, 当且仅当 $\mathrm{Rad}(R) = \{0\}$.

定理 4.6.2 设 $\mathcal{A}$ 是一个可分的有单位的巴拿赫代数, G 是一个紧交换群, 其对偶群为 Γ. 如果 α 是 $L^\infty(G,\mu)$ 上一个连续的保持 G 不变的规范化范数, 那么

(1) 如果 $S \subset \Gamma$, 则

$$\overline{\mathrm{span}}^\alpha\left(\{a\cdot\gamma : \gamma\in S, a\in\mathcal{A}\}\right) = \left\{f\in L^\alpha(\mu,\mathcal{A}) : \hat{f}(\gamma)=0,\ \text{其中}\gamma\in\Gamma\backslash S\right\}.$$

(2) J 在 $L^\alpha(\mu,\mathcal{A})$ 中是一个有卷积的 (左、右或双边) 闭理想, 当且仅当对于任意的 $\gamma\in\Gamma$, 存在一个 $\mathcal{A}$ 中的 (左、右或双边) 闭理想 J_γ, 使得

$$J = \left\{f\in L^\alpha(\mu,\mathcal{A}) : \hat{f}(\gamma)\in J_\gamma,\quad \forall\gamma\in\Gamma\right\}.$$

(3) J 是 $L^\alpha(\mu,\mathcal{A})$ 中最大 (左、右或双边) 理想, 当且仅当存在一个 $\gamma_0\in\Gamma$ 和一个 $\mathcal{A}$ 中的理想 J_0, 使得

$$J = \left\{f\in L^\alpha(\mu,\mathcal{A}) : \hat{f}(\gamma_0)\in J_0\right\}.$$

(4) $\mathrm{Rad}(L^\alpha(\mu,\mathcal{A})) = \left\{f\in L^\alpha(\mu,\mathcal{A}) : \hat{f}(\gamma)\in\mathrm{Rad}(\mathcal{A}),\quad \forall\gamma\in\Gamma\right\}$.

(5) $\mathrm{Rad}(L^\alpha(\mu,\mathcal{A})) = L^\alpha(\mu,\mathrm{Rad}(\mathcal{A}))$.

(6) $L^\alpha(\mu,\mathcal{A})$ 是半单的, 当且仅当 $\mathcal{A}$ 是半单的.

(7) $\varphi : L^\alpha(\mu,\mathcal{A}) \mapsto \mathbb{C}$ 是一个包含单位的乘法线性泛函, 当且仅当存在一个 $\gamma_0\in\Gamma$ 和一个包含单位的乘法线性泛函 $\varphi_0 : \mathcal{A}\mapsto\mathbb{C}$, 使得对于任意的 $f\in L^\alpha(\mu,\mathcal{A})$, 有

$$\varphi(f) = \varphi_0(\hat{f}(\gamma_0)).$$

证明 (1) 由傅里叶系数的定义推得, 对于任意的 $\gamma\in\Gamma$, 映射 $f\mapsto\hat{f}(\gamma)$ 关于 α 范数是连续的. 同时, 注意到集合

$$\left\{f\in L^\alpha(\mu,\mathcal{A}) : \hat{f}(\gamma)=0,\ \text{其中}\gamma\in\Gamma\backslash S\right\}$$

关于 α 范数是闭子集, 故结论中的包含关系 $\subset$ 得证. 反包含关系依据引理 4.6.5 中的结论 (5) 可推出.

(2) 设对于任意的 $\gamma\in\Gamma$, J_γ 是 $\mathcal{A}$ 中的一个左 (右或双边) 闭理想. 根据映射 $f\mapsto\hat{f}(\gamma)$ 的连续性与乘积性 (卷积诱导的乘法),

$$J = \left\{f\in L^\alpha(\mu,\mathcal{A}) : \hat{f}(\gamma)\in J_\gamma, \forall\gamma\in\Gamma\right\}$$

是 $L^{\alpha}(\mu,\mathcal{A})$ 中的一个左 (右或双边) 闭理想.

反过来, 若 J 是 $L^{\alpha}(\mu,\mathcal{A})$ 中的一个左 (右或双边) 闭理想, 对于任意的 $\gamma\in\varGamma$, 令

$$J_{\gamma}=\left\{\hat{f}(\gamma):f\in J\right\}.$$

取 $a\in\mathcal{A}$, 利用 $\gamma\cdot a$ 乘以 J, 则可推出 J_{γ} 是 $\mathcal{A}$ 中的一个左 (右或双边) 闭理想. 此外, 因为 $J_{\gamma}\cdot\gamma=\{a\cdot\gamma:a\in J_{j}\}\subset J$, 且 J 在 $L^{\alpha}(\mu,\mathcal{A})$ 中是闭的, 所以 J_{γ} 在 $\mathcal{A}$ 中是闭的. 然而, 注意到 J 是闭理想, 由此

$$\overline{\sum_{\gamma\in\varGamma}J_{\gamma}}^{\alpha}\subset J\subset\left\{f\in L^{\alpha}(\mu,\mathcal{A}):\hat{f}(\gamma)\in J_{\gamma},\forall\gamma\in\varGamma\right\}.$$

依据引理 4.6.5 可知,

$$\overline{\sum_{\gamma\in\varGamma}J_{\gamma}}^{\alpha}=\left\{f\in L^{\alpha}(\mu,\mathcal{A}):\hat{f}(\gamma)\in J_{\gamma},\ \forall\gamma\in\varGamma\right\},$$

从而

$$J=\left\{f\in L^{\alpha}(\mu,\mathcal{A}):\hat{f}(\gamma)\in J_{\gamma},\ \forall\gamma\in\varGamma\right\}.$$

(3) 结合上述结论 (2) 可得结果.

(4) 因为 $\mathrm{Rad}(L^{\alpha}(\mu,\mathcal{A}))$ 是 $L^{\alpha}(\mu,\mathcal{A})$ 中所有极大左 (或右) 理想的交, 所以根据结论 (3) 可推得等式成立.

(5) 这是结论 (4) 的另一种等价描述.

(6) 事实上, 环 $\mathcal{R}$ 是半单的, 当且仅当 $\mathrm{Rad}(\mathcal{R})$ 是半单的, 从而 $L^{\alpha}(\mu,\mathcal{A})$ 是半单的, 当且仅当 $\mathcal{A}$ 是半单的.

(7) 因为 $\ker\varphi$ 是 $L^{\alpha}(\mu,\mathcal{A})$ 中最大的双边理想, 所以结论成立.

第 5 章　广义哈代空间理论

本章在广义勒贝格空间 L^α 的基础上, 建立广义哈代空间理论. 主要内容包括广义哈代空间的定义、解析函数的描述及紧交换群意义下 H^∞ 空间上闭稠定算子的性质.

5.1　紧交换群上的广义哈代空间理论

5.1.1　广义哈代空间 $H_P^\alpha(G,\mathcal{A})$ 的刻画

由 Rudin[94] 定义的经典哈代空间, 当 G 是一个连通集时, Γ 是一个全序群, 即存在 Γ 中的一个次半群 P, 使得 $P\cap P^{-1}=\{1\}$, 且 $P\cup P^{-1}=\Gamma$. 当 $\gamma_1,\gamma_2\in\Gamma$ 时, 定义

$$\gamma_1\leqslant\gamma_2\Leftrightarrow\gamma_2^{-1}\gamma_1\in P.$$

在这种情形下, (Γ,P) 称为 G 的全序对偶群. 假设 α 是 $L^\infty(G,\mu)$ 上一个保持 G 不变的规范化范数, 定义哈代空间 $H_P^\alpha(G)$ 为 P 关于 α 范数的线性闭包. 更一般地, 如果 $\mathcal{A}$ 是一个有单位的可分巴拿赫代数, 定义空间 $H_P^\alpha(G,\mathcal{A})$ 为

$$H_P^\alpha(G,\mathcal{A})=\overline{\operatorname{span}}^\alpha\{\gamma\cdot a:\gamma\in P,a\in\mathcal{A}\}.$$

类似于经典哈代空间的刻画, 定义

$$\mathcal{H}_P^\alpha(G)=\left\{f\in\mathcal{L}^\alpha(G,\mu)\subset L^1(G,\mu):\hat{f}(\gamma)=0,\ \forall\gamma\in\Gamma\backslash P\right\},$$

$H_P^\infty(G)$ 为 P 在 $L^\infty(G,\mu)$ 中的弱 * 闭包. 因为 P 是 Γ 中的一个乘法半群, 其上的乘法运算是逐点相乘, 所以 $L^\alpha(\mu)$、$\mathcal{L}^\alpha(\mu)$、$H_P^\alpha(G)$ 和 $\mathcal{H}_P^\alpha(G)$ 都是 Banach-$H_P^\infty(G,\mu)$ 双模.

如果 $\mathcal{A}$ 是一个有单位的巴拿赫代数, 那么 $L^\infty(G,\mathcal{A})$ 是可测函数 $f:G\mapsto\mathcal{A}$ 满足 $|f|\in L^\infty(G)$ 的全体. 此时定义 $H_P^\infty(G,\mathcal{A})$ 为集合 $\{u\cdot\gamma:\ u\in L^\infty(G),\ \gamma\in P\}$ 的线性 w*w 闭包 (w*w 收敛如定义 4.5.1 所述).

引理 5.1.1　设 G 是一个紧交换群, (Γ,P) 是 G 的全序对偶群, $\mathcal{A}$ 是一个有单位的可分巴拿赫代数. 如果 α 是 $L^\infty(G,\mu)$ 上一个连续的保持 G 不变的规范化范数, 则

(1) $H_P^\alpha(G,\mathcal{A})=L^\alpha(G,\mathcal{A})\cap H_P^1(G,\mathcal{A})=\overline{\operatorname{span}}^\alpha(\{\gamma\cdot a:\gamma\in P,a\in\mathcal{A}\})$.

(2) $H_P^{\alpha}(G)=\left\{f\in L^{\alpha}(G,\mu):\hat{f}(\gamma)=0,\ \forall\gamma\in\Gamma\backslash P\right\}$.

(3)$H_P^{\infty}(G)=L^{\infty}(G,\mu)\cap H_P^1(G,\mu)$.

(4) $H_P^{\infty}(G,\mathcal{A})=L^{\infty}(G,\mathcal{A})\cap H_P^1(G,\mathcal{A})$.

证明　依定理 4.6.2 中的结论 (1) 可得结论 (1)~(3). 另外, 结论 (4) 可由引理 4.6.5 中结论 (7) 推出.

此时, 若 $G=\mathbb{T}$, $\Gamma=(\mathbb{Z},+)$, $\mathcal{A}=\mathbb{C}$, $P=\{n\in\mathbb{Z}:n\geqslant 0\}$, 当 $1\leqslant p\leqslant\infty$, α 为常规的 L^p 范数时, 引理 5.1.1 中的空间 $H_P^{\alpha}(G)$ 为经典的单位圆周上的哈代空间. 在哈代空间理论中, 一个重要的结论是 BHL 不变子空间定理, 它刻画了单位圆周上勒贝格空间 $L^p(\mathbb{T})$ $(1\leqslant p<\infty)$ 中在乘法算子 $M_z(z\in\mathbb{T})$ 下不变的闭子空间形式: 一种是 $\chi_E L^p(\mathbb{T})$, 其中 E 是 $\mathbb{T}$ 上的可测集; 另一种是 $\varphi H^p(\mathbb{T})$, 其中 φ 是满足 $|\varphi|=1$ a.e. (μ) 的可测函数. 在文献 [79] 中, 利用更一般的 $\|\cdot\|_1$ 控制的连续的规范 gauge 范数代替常规的 L^p 范数, BHL 不变子空间定理被推广到更一般的情形中.

5.1.2　广义哈代空间 $H_P^{\alpha}(G,\mathcal{A})$ 中解析函数的表示

Rudin[94] 证明了对于任意的存在全序 (Γ,P) 的紧交换群, BHL 不变子空间定理在相应的勒贝格空间中依然成立. 此外, Blecher 和 Labuschagne [53] 在非交换哈代空间 $H^p(\mathcal{M},\tau)$ 中证明了相应的非交换 BHL 定理, 其中 τ 是 von Neumann 代数中的忠实正规迹态, $1\leqslant p<\infty$. $H^p(\mathcal{M},\tau)$ 是 Arveson [30] 引入的次对角代数 $\mathcal{A}\subset\mathcal{M}$ 的 $\|\cdot\|_p$ 范数闭包. 随后, Hadwin 等将上述非交换不变子空间定理推广到了更一般的情形, 其中酉不变范数取代了常规的 L^p 范数 [76]. 如果令 $\mathcal{M}=L^{\infty}(\mu)$, $\tau(f)=\int_G f\mathrm{d}\mu$, 则酉不变范数恰好是交换情形下 $\|\cdot\|_1$ 范数控制的连续的规范化范数. 因此取 $\mathcal{A}=H_P^{\alpha}(G)$, 应用文献 [76] 中的结论, 可得出相应的 BHL 不变子空间定理.

此外, 在文献 [95] 中, 作者证明了保持 $\mathbb{T}$ 不变的连续规范 gauge 范数 α 是强连续的, 当且仅当 $H^{\alpha}(\mathbb{T})$ 是弱序列完备的, $H^{\alpha}(\mathbb{T})=\mathcal{H}^{\alpha}(\mathbb{T})$. 在此证明过程中, Herglotz 定理 [96] 扮演了重要的角色, 即 $L^1(\mathbb{T})$ 中一个非负可测的函数 h 是一个外函数 $f\in H^1(\mathbb{T})$ 的模, 当且仅当 $\ln(h)\in L^1(\mathbb{T})$. Rudin[94] 利用全序对偶群代替常规的单位圆周 $\mathbb{T}$, 将此结论推广到了如下情形中.

引理 5.1.2[94]　设 G 是一个紧交换群, 其上的测度是 Haar 测度 μ, (Γ,P) 为它的全序对偶群. 如果 $0\leqslant h\in L^1(G,\mu)$, 且 $\int_G \ln(h)\,\mathrm{d}\mu>-\infty$, 则存在一个函数 $f\in H_P^2(G)$, 使得 $h=|f|^2$.

下面给出一个更一般的推论.

推论 5.1.1 设 G 是一个紧交换群, 其上的测度是 Haar 测度 μ, $(\varGamma, P)$ 为它的全序对偶群. 如果 $0 \leqslant h \in L^{\infty}(G,\mu)$, 且 $\int_G \ln(h)\,\mathrm{d}\mu > -\infty$, 则存在一个函数 $f \in H_P^{\infty}(G)$, 使得 $h = |f|$.

证明 显然, 应用引理 5.1.2, 存在一个函数 $g \in H_P^2(G)$, 使得 $h = |g|^2 = |g^2|$. 引理 4.6.5 保证了

$$\|g - g * s_\lambda\|_2 \to 0,$$

而 $\{\|g * s_\lambda\|_2\}$ 是有界的, 因此

$$\left\|g^2 - (g * s_\lambda)^2\right\|_1 \leqslant \|g - g * s_\lambda\|_2 \left[\|g\| + \|g * s_\lambda\|_2\right] \to 0 .$$

然而, $g \in H_P^2(G)$ 意味着对于每一个 λ, $g * s_\lambda$ 属于 P 的线性张. P 是一个半群, 故每一个函数 $(g * s_\lambda)^2$ 也在 P 的线性张中. 根据引理 5.1.1 可得 $g^2 \in H_P^1(G)$. 又因为 $|g^2| = h \in L^{\infty}(G,\mu)$, 于是

$$g^2 \in L^{\infty}(G,\mu) \cap H_P^1(G) = H_P^{\infty}(G).$$

此时取 $f = g^2$, 推论 5.1.1 得证.

推论 5.1.2 设 G 是一个紧交换群, 其上的测度是 Haar 测度 μ, $(\varGamma, P)$ 为它的全序对偶群, 设 α 是 $L^{\infty}(G,\mu)$ 上一个连续的保持 G 不变的规范化范数. 如果 $f \in H_P^{\alpha}(G)$, 则存在函数 $u, v \in H^{\infty}(\mu)$, 使得在 G 上, $|v| > 0$, $\dfrac{1}{v} \in L^{\alpha}(\mu)$, 且

$$f = \frac{u}{v}.$$

证明 令 $\varepsilon > 0$, 取 $h_1 = \min(|f| + \varepsilon, 1)$, $h_2 = \min\left(\dfrac{1}{|f| + \varepsilon}, 1\right)$. 容易验证, $h_1, h_2 \in L^{\infty}(G,\mu)$, 且 $\int_G \ln(h_1)\,\mathrm{d}\mu > -\infty$, $\int_G \ln(h_2)\,\mathrm{d}\mu > -\infty$, 故由引理 5.1.2 可知, 存在函数 $f_1, f_2 \in H_P^2(\mu)$, 使得

$$h_k = |f_k|^2 = \left|f_k^2\right|.$$

因为 $f_k \in H_P^1(\mu)$, $h_k \in L^{\infty}(G,\mu)$, 故 $f_k^2 \in H_P^{\infty}(G)$. 令 $v = f_2^2$, 则

$$|v|(|f| + \varepsilon) = h_1 \in L^{\infty}(\mu),$$

于是

$$|vf| = h_1 - \varepsilon|v| \in L^{\infty}(\mu).$$

然而, $vf \in H^{\alpha}(\mu) \subset H^{1}(\mu)$. 注意到 $H_{P}^{\infty}(G) = L^{\infty}(G,\mu) \cap H_{P}^{1}(\mu)$, 从而

$$vf \in H_{P}^{\infty}(G).$$

令 $u = vf$, 因为在 G 上, $|v| > 0$, 故对等式两边除以 v 得 $f = \dfrac{u}{v}$. 又因为 $|v| = |f_2^2| = h_2$, 所以

$$\frac{1}{|v|} = \frac{1}{h_2} \leqslant |f| + \varepsilon + 1 \in L^{\alpha}(\mu),$$

因此 $\dfrac{1}{v} \in L^{\alpha}(\mu)$.

5.1.3　广义哈代空间 $H_P^{\alpha}(G)$ 的乘积性

引理 5.1.3　设 G 是一个紧交换群, 其上的测度是 Haar 测度 μ, (Γ, P) 为它的全序对偶群. 设 α 是 $L^{\infty}(G,\mu)$ 上一个连续的保持 G 不变的规范化范数, 其对偶范数为 α'. 如果 $f \in H_P^{\alpha}(G)$, $h \in \mathcal{H}_P^{\alpha'}(G)$, 则 $fh \in H_P^{1}(G)$.

证明　注意到 $L_P^{\alpha}(G) \cdot \mathcal{L}_P^{\alpha'}(G) \subset L^{1}(G)$, 故如果 $f \in L^{\alpha}(G)$, $h \in \mathcal{L}^{\alpha'}(G)$, 那么 $\|fg\|_1 \leqslant \alpha(f)\alpha'(h)$. 下面假设 $f \in H_P^{\alpha}(G)$, $h \in \mathcal{H}_P^{\alpha'}(G)$, 则 $fh \in L^{1}(G)$. 此时,

$$H_P^{1}(G) = \left\{g \in L^{1}(\mu) : \hat{g}(\gamma) = 0,\ \forall \gamma \in \Gamma \backslash P\right\},$$

故只需证明对于任意的 $\gamma \in \Gamma\backslash P$, $\widehat{fh}(\gamma) = 0$. 设 $\gamma \in \Gamma\backslash P$, 若 $f \in H_P^{\alpha}(G)$, 则根据空间的稠密性, 存在一个序列 $\{s_n\} \subset \operatorname{span}(P)$, 使得 $\alpha(f - s_n) \to 0$, 从而

$$\|fh - s_n h\|_1 \leqslant \alpha(f - s_n)\alpha'(h) \to 0.$$

因此

$$\widehat{fh}(\gamma_0) = \lim_{n\to\infty} \widehat{s_n h}(\gamma_0).$$

对于每一个 $n \in \mathbb{N}$, $s_n \in \operatorname{span}(P)$, 则只需证明 $\widehat{\gamma h}(\gamma_0) = 0$, 其中 $\gamma \in P$. 由对偶范数的性质可知 $\alpha' \geqslant \|\cdot\|_1$, 故 $\mathcal{H}_P^{\alpha'}(G) \subset L^{1}(G)$, 于是 $h \in L^{1}(G)$, 且在 $\Gamma\backslash P$ 上有 $\hat{h} = 0$, 意味着 $h \in H_P^{1}(G)$. 从而存在一个序列 $t_n \in \operatorname{span}(P)$, 使得 $\|h - t_n\|_1 \to 0$. 因为 P 是一个半群, $\gamma \in L^{\infty}(\mu)$, 故 $\gamma t_n \in \operatorname{span}(P)$, 且

$$\|\gamma h - \gamma t_n\|_1 \to 0.$$

于是 $\gamma h \in H_P^{1}(G)$, 故对于任意的 $r_0 \in G$, $\widehat{\gamma h}(\gamma_0) = 0$. 从而对于任意的 $n \in \mathbb{N}$, $\widehat{s_n h}(\gamma_0) = 0$, 于是 $\widehat{fh}(\gamma_0) = 0$, 因此 $fh \in H_P^{1}(G)$.

定理 5.1.1 设 G 是一个紧交换群, 其上的测度是 Haar 测度 μ, (Γ, P) 为它的全序对偶群. 设 α 是 $L^{\infty}(G,\mu)$ 上一个连续的保持 G 不变的规范化范数, 其对偶范数为 α'. 若 $T : \mathcal{H}_P^{\alpha}(G) \mapsto H_P^1(G)$ 是一个有界线性算子, 使得对于任意的 $h \in H_P^{\infty}(G,\mu)$ 和任意的 $g \in \mathcal{H}_P^{\alpha}(G)$, 有

$$T(hg) = hT(g).$$

则存在一个函数 $f \in \mathcal{H}_P^{\alpha'}(G)$, 使得对于任意的 $g \in \mathcal{H}_P^{\alpha}(G)$, 有

$$Tg = fg.$$

同时, $\|T\| = \alpha'(f)$.

注 5.1.1 当定理中的 $\mathcal{H}_P^{\alpha}(G)$ 用空间 $H_P^{\alpha}(G)$ 代替时, 结论依然成立.

证明 令 $f = T(1)$, 则对于任意的 $g \in H^{\infty}(\mu)$, $Tg = fg$. 设 $g \in \mathcal{H}^{\alpha}(\mu)$, 根据推论 5.1.2 可知, 存在函数 $u, v \in H^{\infty}(\mu)$, $v(z)\,(v \neq 0)$, 使得 $g = u/v$, 于是

$$vT(g) = T(u) = uT(1) = fu,$$

意味着 $Tg = fg$.

同时, 依据对偶范数的定义可知,

$$\begin{aligned}\alpha'(f) &= \sup\{\|fh\|_1 : h \in L^{\infty}(\mu), \alpha(h) \leqslant 1\}\\ &= \sup\left\{\int_G |f||h|\,\mathrm{d}\mu : h \in L^{\infty}(\mu), \alpha(h) \leqslant 1\right\}.\end{aligned}$$

若 $h \in L^{\infty}(\mu)$, $\alpha(h) \leqslant 1$, 对于任意的 $n \in \mathbb{N}$, 取 $h_n = (|h| + 1/n)/\alpha(|h| + 1/n)$, 则

$$\int_G |f||h|\,\mathrm{d}\mu = \lim_{n\to\infty}\int_G |f||h_n|\,\mathrm{d}\mu.$$

依据引理 5.1.2, 存在函数序列 $\{f_n\} \subset H_P^2(G)$, 使得

$$|h_n| = \left|f_n^2\right|$$

成立, 于是 $f_n^2 \in H_P^{\infty}(G)$, $\alpha(f_n^2) = \alpha(h_n) = 1\ (\forall n \geqslant 1)$, 从而

$$\|fh\|_1 = \lim_{n\to\infty}\left\|ff_n^2\right\|_1 = \lim_{n\to\infty}\left\|Tf_n^2\right\|_1 \leqslant \|T\|.$$

因此, $\alpha'(f) \leqslant \|T\|$.

另外, 根据

$$\|Tg\|_1 = \|fg\|_1 \leqslant \alpha'(f)\alpha(g),$$

可得 $\|T\| \leqslant \alpha'(f)$, 因此 $\|T\| = \alpha'(f)$.

由定理 5.1.1 可得如下推论.

推论 5.1.3 设 G 是一个紧交换群, 其上的测度是 Haar 测度 μ, (Γ, P) 为它的全序对偶群. 设 α 是 $L^{\infty}(G,\mu)$ 上一个连续的保持 G 不变的规范化范数, 其对偶范数为 α'. 如果 $f: G \mapsto \mathbb{C}$ 是可测的, 则有

$$f \cdot L^{\alpha}(G) \subset L^{1}(G) \iff f \in \mathcal{L}^{\alpha'}(G).$$

同样, 在哈代空间 $H_P^{\alpha}(G)$ 中, 乘子的结构也存在类似的等价条件.

定理 5.1.2 设 G 是一个紧交换群, 其上的测度是 Haar 测度 μ, (Γ, P) 为它的全序对偶群, 设 α 是 $L^{\infty}(G,\mu)$ 上一个连续的保持 G 不变的规范化范数. 如果 $f: G \to \mathbb{C}$ 是可测的, 则

$$f \cdot H_P^{\alpha}(G) \subset H_P^{\alpha}(G) \iff f \in H_P^{\infty}(G).$$

证明 必要性显然. 下面来证明充分性, 设 $f: G \to \mathbb{C}$ 是可测的, 且 $f \cdot H_P^{\alpha}(G) \subset H_P^{\alpha}(G)$, 则 $f = f \cdot 1 \in H_P^{\alpha}(G)$. 由于 α 范数收敛蕴含着 $\|\cdot\|_1$ 范数收敛, 应用闭图像定理可知, 由 $Th = fh$ 定义的线性算子 $T: H_P^{\alpha}(G) \mapsto H_P^{\alpha}(G)$ 是有界的. 若 $n \in \mathbb{N}$, 令

$$E_n = \{\omega \in G: |f(\omega)| \geqslant \|T\| + 1/n\},$$

且

$$h_n = \frac{1}{\alpha(\chi_{E_n})}\chi_{E_n} + \frac{1}{4n},$$

则

$$\left(1+\frac{1}{4n}\right)\|T\| \geqslant \alpha(Th_n) \geqslant \alpha\left(\frac{1}{\alpha(\chi_{E_n})}|f|\chi_{E_n}\right) - \frac{1}{4n}\|T\| \geqslant \left(\|T\| + \frac{1}{n}\right),$$

意味着 $\|f\|_{\infty} = \|T\| < \infty$, 因此 $f \in H_P^{\infty}(G)$.

从文献 [97] 看出, 若 $X = H_P^{\alpha}(G)$, Y 是由定义在 G 上的可测函数构成的测度空间, $H_P^{\alpha}(G)$ 上的拓扑为依测度收敛拓扑, 则 (X, Y) 是一个几乎处处逐点相乘的乘法算子对, 由此可得关于乘法算子代数的结论. 为了叙述方便, 定义 $H_P^{\alpha}(G)$ 上的乘法算子 M_{φ} 为 $M_{\varphi}h = \varphi h$, 其中 $\varphi \in H_P^{\infty}(G)$.

推论 5.1.4 设 G 是一个紧交换群, 其上的测度是 Haar 测度 μ, (Γ, P) 为它的全序对偶群, 设 α 是 $L^{\infty}(G,\mu)$ 上一个连续的保持 G 不变的规范化范数, 则由逐点相乘定义的代数 $\{M_{\varphi}: \varphi \in H_P^{\infty}(G)\}$ 是最大的交换算子代数.

下面的定理给出了在哈代空间中类似定理 4.3.3 的刻画. 此时, 需要引入结论: 巴拿赫空间 X 是弱序列完备的, 当且仅当每一个弱柯西列是弱收敛的.

定理 5.1.3 设 G 是一个紧交换群, 其上的测度是 Haar 测度 μ, (Γ, P) 为它的全序对偶群. 设 α 是 $L^{\infty}(G,\mu)$ 上一个连续的保持 G 不变的规范化范数, 则下面结论等价:

(1) $L^{\alpha}(\mu)=\mathcal{L}^{\alpha}(\mu)$ (α 是强连续的).

(2) $H_P^{\alpha}(G)=\mathcal{H}_P^{\alpha}(G)$.

(3) $H_P^{\alpha}(G)$ 是弱序列完备的.

证明 (2) $\Rightarrow$ (1). 利用逆否命题证明. 假设 (1) 不成立, 即 $L^{\alpha}(\mu)\subsetneq\mathcal{L}^{\alpha}(\mu)$, 则存在一个函数 $h\geqslant 0$, 使得 $h\in\mathcal{L}^{\alpha}(\mu)$, 但 $h\notin L^{\alpha}(\mu)$. 若利用 $h+1$ 代替 h, 不失一般性, 可假设 $h\geqslant 1$. 因为 $\alpha\geqslant\|\cdot\|_1$, 所以 $\mathcal{L}^{\alpha}(\mu)\subset L^1(\mu)$, 于是应用引理 5.1.2, 存在一个函数 $f\in H_P^1(G)$, 使得 $h=|f|$. 因此

$$f\in H_P^1(G)\cap\mathcal{L}^{\alpha}(\mu)=\mathcal{H}_P^{\alpha}(G).$$

然而 $f\notin L^{\alpha}(\mu)$, 故 $f\notin H_P^{\alpha}(G)$, 于是 $H_P^{\alpha}(G)\neq\mathcal{H}_P^{\alpha}(G)$, 即结论 (2) 不成立.

(1) $\Rightarrow$ (3). 假设结论 (1) 成立, 则根据定理 4.3.3 可知, $L^{\alpha}(\mu)$ 是弱序列完备的. 弱序列完备的性质对于闭子空间是仍保持的, 故 $H_P^{\alpha}(G)$ 是序列完备的, 从而结论 (3) 得证.

(3) $\Rightarrow$ (2). 假设 $\{f_n\}$ 是 $H_P^{\alpha}(G)$ 中一个弱柯西列, 则根据一致有界定理可知, $s=\sup\limits_{k\geqslant 1}\alpha(f_k)<\infty$. 于是对于每一个 $h\in\mathcal{H}_P^{\alpha'}(G)\subset\mathcal{L}^{\alpha'}(\mu)=L^{\alpha}(\mu)^{\sharp}$, 当 $u\in L^{\infty}(\mu)$ 时, $\left\{\int_G f_n hu\mathrm{d}\mu\right\}$ 在复数域 $\mathbb{C}$ 中是柯西列, 意味着

$$\lim_{n\to\infty}\int_G f_n hu\mathrm{d}\mu$$

存在. 然而, 注意到 $\{f_n h\}$ 是 $\mathcal{H}_P^{\alpha'}(G)\subset H_P^1(G)\subset L^1(\mu)=L^{\infty}(\mu)^{\sharp}$ 中的序列, 而 $L^1(\mu)$ 是弱序列完备的, 故它的闭子空间 $H_P^1(G)$ 是弱序列完备的, 从而 $\{f_n h\}$ 在 $H_P^1(\mu)$ 中是弱柯西列. 因此, 对于任意的 $h\in\mathcal{H}_P^{\alpha'}(\mu)$, 存在一个函数 $Th\in H_P^1(\mu)$, 使得对于任意的 $u\in L^{\infty}(\mu)$, 有

$$\lim_{n\to\infty}\int_G f_n hu\mathrm{d}\mu=\int_G T(h)u\mathrm{d}\mu.$$

显然, 映射 $T:\mathcal{H}_{\mathcal{P}}^{\alpha'}(G)\mapsto H^1(\mu)$ 是线性的. 同时,

$$\begin{aligned}\|T(h)\|_1&=\sup_{u\in L^{\infty}(\mu),\|u\|_{\infty}\leqslant 1}\left|\int_G T(h)u\mathrm{d}\mu\right|\\&=\sup_{u\in L^{\infty}(\mu),\|u\|_{\infty}\leqslant 1}\lim_{n\to\infty}\left|\int_G f_n hu\mathrm{d}\mu\right|\end{aligned}$$

$$
\begin{aligned}
&\leqslant \sup_{u\in L^{\infty}(\mu),\|u\|_{\infty}\leqslant 1}\left(\lim_{n\to\infty}\alpha\left(f_n\right)\alpha'\left(hu\right)\right)\\
&\leqslant \sup_{u\in L^{\infty}(\mu),\|u\|_{\infty}\leqslant 1}\left(s\alpha'\left(h\right)\|u\|_{\infty}\right)\\
&= s\alpha'\left(h\right)
\end{aligned}
$$

意味着 T 是有界的.

此外, $\forall u, w \in L^{\infty}(\mu)$, $\forall h \in \mathcal{L}^{\alpha'}(\mu)$, 有

$$
\int_G T(hw)\,u\mathrm{d}\mu = \lim_{n\to\infty}\int_G f_n(hw)\,u\mathrm{d}\mu = \int_G T(h)\,wu\mathrm{d}\mu,
$$

从而 $T(hw) = T(h)w$. 由于 α 是连续的, 根据定理 4.3.1 中结论 (2) 和定理 4.3.2 可知, 存在一个函数 $f \in \mathcal{L}^{\alpha''}(\mu) = \mathcal{L}^{\alpha}(\mu) = L^{\alpha}(\mu)$, 使得

$$
T(h) = fh, \quad \forall h \in \mathcal{L}^{\alpha'}(\mu).
$$

根据 T 的定义可知, $f_n \to f$ 弱收敛, 故结论成立.

$(2) \Rightarrow (1)$. 设 $L^{\alpha}(\mu)$ 是弱序列收敛的, $f \in \mathcal{L}^{\alpha}(\mu)$, 则根据可测函数逼近定理, 选取一列简单函数 $\{s_n\}$, 使得 $0 \leqslant s_1 \leqslant s_2 \leqslant \cdots$, 且 $s_n(z) \to |f(z)|$ $(\forall z \in \Omega)$. 如果 $h \in \mathcal{L}^{\alpha'}(\mu)$ 满足 $h \geqslant 0$, 则由控制收敛定理可知,

$$
\lim_{n\to\infty}\int_G s_n h\mathrm{d}\mu = \int_G |f|\,h\mathrm{d}\mu. \tag{5.1}
$$

$\mathcal{L}^{\alpha'}(\mu)$ 是由其上的非负函数组成的线性张, 故式 (5.1) 中的极限对于任意的 $h \in \mathcal{L}^{\alpha'}(\mu)$ 依然成立, 意味着 $\{s_n\}$ 在 $L^{\alpha}(\mathbb{T})$ 中是弱柯西列. 于是存在一个函数 $w \in L^{\alpha}(\mathbb{T})$, 使得对于任意的 $h \in \mathcal{L}^{\alpha'}(\mathbb{T})$, 有

$$
\lim_{n\to\infty}\int_G s_n h\mathrm{d}\mu = \int_G wh\mathrm{d}\mu.
$$

显然, $|f| = w \in L^{\alpha}(\mu)$, 于是 $f \in L^{\alpha}(\mu)$. 因此, $\mathcal{L}^{\alpha}(\mu) = L^{\alpha}(\mu)$.

5.2 紧交换群上 $H_P^{\infty}(G)$ 空间中的闭稠定算子

设 G 是一个紧交换群, 其上的测度为 Haar 测度 μ, 符号 $\leqslant$ 表示对偶群 Γ 上的全序, α 是 $L^{\infty}(G,\mu)$ 上一个连续的保持 G 不变的规范化范数. 在本节中, 主要考虑哈代空间 $H_P^{\alpha}(G)$ 上的闭稠定算子 T 的性质, 其中 T 与由 H_P^{∞} 生成的乘法算子可交换. 很自然的问题: T 是否为某一个函数生成的乘法算子呢? 若是, 那么

它是哪个函数所表示的乘法算子呢? 当 G 是通常的单位圆周 $\mathbb{T}$, $\Gamma=\mathbb{Z}$ 时, 这个问题被完全解决.

在研究算子 T 能否为一个函数生成的乘法算子的过程中, 一个重要的步骤是考虑当 $H_P^\infty(G)$ 有零因子时的结论. 这个问题在文献 [98] 中被提出. 设 G 是一个有序紧交换群, 如果给定任意的正元 $x,y\in G$, 存在一个正整数 n , 使得 $y\leqslant nx$, 则称 G 是阿基米德的. 下面的命题给出了两者之间的关系, 具体证明可参考文献 [98].

命题 5.2.1[98] 设 G 是一个紧交换群, 符号 $\leqslant$ 表示对偶群 Γ 上的全序. 如果有序群 $(\Gamma,\leqslant)$ 是阿基米德的, 则 $H_P^\infty(G)$ 空间无零因子.

引理 5.2.1 设 X 是一个巴拿赫空间, $\mathcal{A}$ 是作用在 X 上有单位的关于范数封闭的代数. 如果 T 是一个线性映射, 其定义域与值域都是 X 的子集, 则下列结论等价:

(1) T 与 $\mathcal{A}$ 中每个可逆算子可交换.

(2) $\mathrm{Graph}(T)$ 是 $\{A\oplus A: A\in\mathcal{A}\}$ 中的一个不变子空间.

证明 (1) $\Rightarrow$ (2). 设 $(x,Tx)\in\mathrm{Graph}(T)$, 且 $A\in\mathcal{A}$ 是可逆算子, 则

$$(A\oplus A)(x,Tx)=(Ax,ATx).$$

因为 T 与 $\mathcal{A}$ 中每个可逆算子可交换, 所以 $ATx=TAx$, 于是

$$(A\oplus A)(x,Tx)=(Ax,TAx)\in\mathrm{Graph}(T).$$

又因为保持 $\mathrm{Graph}(T)$ 不变的算子集合是一个线性空间, 所以对于任意的 $B\in\mathcal{A}$, $(1+\|B\|)\pm\dfrac{1}{2}B$ 可逆, 且

$$B=\left[(1+\|B\|)+\frac{1}{2}B\right]-\left[(1+\|B\|)-\frac{1}{2}B\right].$$

根据可逆算子的论述可知, 结论 (2) 成立.

(2) $\Rightarrow$ (1). 假设 (2) 成立, 若 $A\in\mathcal{A}$ 是可逆算子, 且 $x\in\mathrm{Dom}(T)$, 则 $(x,Tx)\in\mathrm{Graph}(T)$. 结合结论 (2) 可知,

$$(A\oplus A)(x,Tx)=(Ax,ATx)\in\mathrm{Graph}(T),$$

于是 $Ax\in\mathrm{Dom}(T)$, $TAx=ATx$, 意味着 A 与 T 可交换, 因此结论 (1) 成立.

下述所需引理的证明可参考文献 [99] 中的推论 1.

引理 5.2.2 设 F 是由整数域 R 构造的一个分数域, $R\subset X\subset F$, 且 X 是一个 R 模. 如果 $G\subset X\times X$ 是满足 R 模的图像, 则存在元素 $\varphi\in F$, 使得 G 包含在定义在 $F\times F$ 上的 $y=\varphi x$ 的图像中.

由命题 5.2.1 与引理 5.2.2, 可得出如下结论.

定理 5.2.1 设 G 是一个紧交换群, 其上的测度为 Haar 测度 μ, 符号 $\leqslant$ 表示对偶群 Γ 上的阿基米德全序, 设 α 是 $L^{\infty}(G,\mu)$ 上连续的保持 G 不变的规范化范数. 如果算子图像 $G \subset H_P^{\alpha}(G) \oplus H_P^{\alpha}(G)$ 是一个 $H_P^{\infty}(G)$ 模, 则存在 $u,v \in H_P^{\infty}(G)$ 满足 $|v|>0$ 和 $\dfrac{1}{v} \in L^{\alpha}(\mu)$, 使得 G 是一个由 u/v 生成的乘法算子的图像的子集.

引理 5.2.3 如果 $u,v \in H_P^{\infty}(G)$, v 是 $H_P^{\infty}(G)$ 中的一个循环向量, 此时 $H_P^{\infty}(G)$ 是作用在 $H_P^{\alpha}(G)$ 上的乘法算子生成元的集合, 那么乘法算子 $M_{u/v}$ 是闭稠定算子, 且与 $H_P^{\infty}(G)$ 中构成乘法算子的生成元可交换.

证明 显然, $H_P^{\infty}(G)$ 包含在乘法算子 $M_{u/v}$ 的定义域中, 故 $M_{u/v}$ 是稠定的. 同时, 容易得到, $M_{u/v}$ 的定义域在由 $H_P^{\infty}(G)$ 生成的乘法算子下是不变的, 且可与 M_{φ} 交换, 其中 $\varphi \in H_P^{\infty}(G)$. 要证明 $M_{u/v}$ 是闭算子, 设 $\{f_n\}$ 是算子 $M_{u/v}$ 的定义域中一个满足 $\alpha(f_n - f) \to 0$, 且 $\alpha\left(M_{u/v}f_n - h\right) \to 0$ 的函数序列, 从而 $uf_n \to vh$, 且 $uf_n \to uf$. 因此 $uf = vh$, 意味着 $M_{u/v}f = h$, 即 $M_{u/v}$ 是闭算子.

推论 5.2.1 设 G 是一个紧交换群, 其上的测度为 Haar 测度 μ, 符号 $\leqslant$ 表示对偶群 Γ 上的阿基米德全序, 设 α 是 $L^{\infty}(G,\mu)$ 上连续的保持 G 不变的规范化范数. 如果线性变换 T 的定义域和值域都包含在 $H_P^{\alpha}(G)$ 中, 且 T 可与由 $H_P^{\infty}(G)$ 中的函数生成的可逆乘法算子交换, 则存在函数 $u,v \in H^{\infty}(\mu)$, 使得 $T \subset M_{\frac{u}{v}}$. 如果 v 是 $H_P^{\infty}(G)$ 中的一个循环向量, 则 T 的定义域是稠密的.

下面考虑一种特殊情形, 当交换紧群 G 是常规的单位圆周 $\mathbb{T}$, 上述范数 α 是 $L^{\infty}(\mathbb{T})$ 上连续的 $\|\cdot\|_1$ 控制的规范化范数. 此时, 对偶群 $(\mathbb{Z},+)$ 上的序为通常情况下的 $\leqslant$.

设 $X = H^{\alpha}$ (定义在单位圆周上), $Y = N$ 是 Nevanlinna 集中亚纯函数的全体, 即 Y 中函数的形式为 $\dfrac{f}{g}$, 其中 $f,g \in H^{\infty}$, g 不恒为 0. 此时 (X,Y) 是一个特殊的乘子对, Smirnov 集 N^{+} 是 N 中满足分母是外函数的全体. 2013 年, Hadwin 等 [99] 证明了如下结论: 与哈代空间 H^p 中的单侧移位算子可交换的闭稠定算子是由 Smirnov 集中的元素生成的乘法算子. 本节证明若将哈代空间 H^p 换成一般的广义哈代空间 H^{α}, 结论依然成立.

一个重要的定理是文献 [79] 中证明的广义 Beurling 不变子空间定理.

定理 5.2.2 设 α 是 $L^{\infty}(\mathbb{T})$ 上一个满足 $\|\cdot\|_1 \leqslant \alpha$ 的连续规范化范数. 如果 M 是 $L^{\alpha}(\mathbb{T})$ 中的闭子空间, 满足 $z \cdot M \subset M$, 则

(1) 存在一个博雷尔集 $E \subset \mathbb{T}$, 使得 $M = \chi_E L^{\alpha}(\mathbb{T})$.

(2) 存在 $\mathbb{T}$ 上的一个可测函数 h 满足 $|h| = 1$ a.e., 使得 $M = h \cdot H^{\alpha}(\mathbb{T})$.

特别地, 若 $M \subset H^\alpha(\mathbb{T})$, 则存在一个内函数 φ , 使得 $M = \varphi \cdot H^\alpha(\mathbb{T})$.

下述引理的证明可参考文献 [99] 中的引理 2.

引理 5.2.4 若 $\Phi \in N$, 且 $\Phi \neq 0$, 则存在互素的内函数 u、v 和外函数 a、b 满足 $|a| + |b| = 1$ a.e. , 使得

$$\Phi = \frac{vb}{ua}.$$

推论 5.2.2 若 $\Phi \in N$, 其中 $\Phi = \dfrac{vb}{ua}$ 如引理 5.2.4 所述, 则线性算子 M_Φ 的图像

$$\mathrm{Graph}(M_\Phi) = \{(uag) \oplus (vbg) : g \in H^\alpha\} \subset H^\alpha \oplus H^\alpha.$$

证明 若 $g \in H^\alpha$, 故根据引理 5.2.4 可知, $uag \in H^\alpha$, 且 $M_\Phi uag = vbg \in H^\alpha$. 于是

$$\{(uag) \oplus (vbg) : g \in H^\alpha\} \subset \mathrm{Graph}(M_\Phi).$$

反过来, 若 $f \in H^\alpha$, 且 $\Phi f \in H^\alpha$, 则在单位圆周 $\mathbb{T}$ 上,

$$\frac{|f|}{|a|} = \frac{|a| + |b|}{|a|}|f| = |f| + |\Phi||f|, \tag{5.2}$$

故 $\dfrac{f}{a} \in L^\alpha$. 因为 a 是外函数, 所以 $\dfrac{f}{a} \in H^\alpha$. 令 $g_1 = \dfrac{f}{a}$, 则 $f = ag_1$, $u\Phi f = u\Phi ag_1 = vbg_1$. 又因为 u 和 v 互素, b 是外函数, 所以式 (5.2) 中的第二个等式蕴含着 u 是 g_1 的一个因子, 于是存在 $g \in H^\alpha$, 使得 $g_1 = ug$. 由此可得 $f = uag$, $\Phi f = vbg$, 意味着

$$\mathrm{Graph}(M_\Phi) \subset \{(uag) \oplus (vbg) : g \in H^\alpha\}.$$

从而结论得证.

定理 5.2.3 设图像 $G \subset H^\alpha \oplus H^\alpha$ 是算子 $M_z \oplus M_z$ 的不变子空间, 则

(1) 存在一个亚纯函数 $\Phi \in N$, 使得 $G \subset \mathrm{Graph}(M_\Phi)$.

(2) 如果 G 的定义域在 H^α 中稠密, 则 Φ 属于 Smirnov 集.

(3) 如果 G 的定义域在 H^α 中稠密, 且 G 是一个闭子空间, 则 Φ 属于 Smirnov 集, 且 $G = \mathrm{Graph}(M_\Phi)$.

证明 (1) 应用文献 [99] 中的推论 2 可立即得出结论.

(2) 若 G 的定义域 $\mathcal{D}(G)$ 在 H^α 中稠密, 根据引理 5.2.4 , 选取 $\Phi = \dfrac{vb}{ua}$, 则 $G \subset \mathrm{Graph}(M_\Phi)$ 蕴含着 $\mathcal{D}(G)$ 包含在乘法算子 M_Φ 定义域中. 于是应用推论 5.2.2 可得

$$\mathcal{D}(G) \subset uaH^\alpha \subset H^\alpha.$$

因此, uaH^α 在 H^α 中稠密. 因为 a 是一个外函数, 故

$$H^\alpha = \overline{uaH^\alpha}^\alpha = \overline{L_u(aH^\alpha)}^\alpha = L_u\overline{(aH^\alpha)}^\alpha = L_u(H^\alpha) = uH^\alpha,$$

说明 u 是一个常数, 因此 $\Phi \in N^+$.

(3) 设 G 是一个闭子空间, $H^\alpha \oplus H^\alpha$ 上的范数定义为 $\|f \oplus g\| = \alpha(|f| + |g|)$. 如果映射 $V: H^\alpha \mapsto H^\alpha \oplus H^\alpha$ 定义为

$$V(g) = uag \oplus vbg,$$

则

$$\|V(g)\| = \|uag \oplus vbg\| = \alpha(|uag| + |vbg|) = \alpha((|a| + |b|)g) = \alpha(g),$$

从而 V 是一个从 H^α 到 $\mathrm{Graph}(M_\Phi)$ 上的等距算子. 若取 M 表示 G 在等距 V 下的原像, 则 M 是 H^α 中的一个闭子空间, 且对于任意的 $g \in M$, 有

$$VM_z g = V(zg) = uazg \oplus vbzg = (M_z \oplus M_z)Vg \in G,$$

于是 $M \subset H^\alpha$ 是 M_z 的不变子空间. 应用广义不变子空间定理 5.2.2 可知, 存在一个内函数 w , 使得 $M = wH^\alpha$, 从而

$$G = V(M) = \{uawg \oplus vbwg : g \in H^\alpha\} = (M_w \oplus M_w)\mathrm{Graph}(M_\Phi).$$

此外, 若 G 的定义域在 H^α 中稠密, 则 w 是一个常数, 因此 $G = \mathrm{Graph}(M_\Phi)$.

第 6 章 广义勒贝格空间中的 BHL 不变子空间理论

6.1 单侧移位算子的不变子空间

为什么要关心不变子空间问题呢？在有限维情形中，所有的算子结构性定理都可以用不变子空间表示. 例如，任何一个 $n \times n$ 阶复矩阵 T 酉等价于一个上三角矩阵，同时等价于存在一个 T 不变线性子空间链 $M_0 \subset M_1 \subset \cdots \subset M_n$，使得 $\dim M_k = k$，其中 $0 \leqslant k \leqslant n$. 每一个上三角正规矩阵都是对角的，因此矩阵的不变子空间理论可推导出谱理论. 一个矩阵和一个单一的约当块相似，等价于它的不变子空间的全体是由包含关系生成的偏序集，因此约当标准型完全可以用不变子空间来描述. Brickman 和 Fillmore[60] 描述了任意矩阵的所有不变子空间格.

在无穷维情形中，是否每个有界线性算子都存在非平凡的不变子空间？由于其研究内容涉及算子代数、非交换几何和数学物理等多个学科，受到了国内外学者对这一领域的持续关注，但至今仍未得到完全解决. 如果 T 是一个带有 $*$ 循环向量的正规算子，则根据谱定理，T 酉等价于作用在 $L^2(\sigma(T), \mu)$ 上的乘法算子 M_z，即

$$(M_z f)(z) = z f(z),$$

其中，μ 是 $\sigma(T)$ 上的概率博雷尔测度. 在这种情形下，von Neumann 证明了如果一个子空间 W 对于 M_z 与 $M_z^* = M_{\bar{z}}$ 是不变的，则限制在 W 上的投影 P 在 M_z 的交换子中，此时，交换子是最大的交换代数 $\{M_\varphi : \varphi \in L^\infty(\mu)\}$. 因此，$\sigma(T)$ 中存在一个博雷尔子集 E，使得 $P = M_{\chi_E}$，表明 $W = \chi_E L^2(\mu)$. 也就是说，如果 T 是一个约化的正规算子，即 T 的每一个不变子空间同时也是 T^* 的不变子空间，则 T 的不变子空间的形式为 $\chi_E L^2(\mu)$. Sarason 等 [13] 给出了 (M_z, μ) 是约化子空间的刻画；特别地，当 $T = M_z$ 是酉算子时 (即 $\sigma(T) \subset \mathbb{T} = \{\lambda \in \mathbb{C} : |\lambda| = 1\}$)，$M_z$ 是约化的，当且仅当 $\mathbb{T}$ 上的 Haar 测度 m(即正规化的弧长) 关于 μ 是非绝对连续的. 当 $\sigma(T) = \mathbb{T}$，且 $\mu = m$ 是 $\mathbb{T}$ 上的 Haar 测度时，作用在 L^2 上的乘法算子 M_z 为双边移位算子.

若 T 是限制在具有循环向量 e 的不变子空间上的正规算子，则存在一个概率空间 $L^2(\sigma(T), \mu)$，使得 T 酉等价于限制在 $P^2(\mu)$ 上的乘法算子 M_z. 其中，$L^2(\mu)$ 是全体多项式 $P^2(\mu)$ 的闭包，e 为 $P^2(\mu)$ 中的常值函数 1. 如果 $\sigma(T) = \mathbb{T}$

且 $\mu = m$, 则 $P^2(\mu)$ 是经典的哈代空间 H^2 , 乘法算子 M_z 是经典的单侧移位算子.

在无限维情形中, Beurling[49] 于 1949 年首次刻画了哈代空间 H^2 中单侧移位算子的不变子空间. 随后, Helson 等 [50] 将上述结果推广到了勒贝格空间中的双边移位算子中.

在本章中, 设 $\mathbb{D}$ 是复数域 $\mathbb{C}$ 中的单位圆盘, m 是单位圆周 $\mathbb{T} = \{\lambda \in \mathbb{C} : |\lambda| = 1\}$ 上的 Haar 测度 (即正规化的弧长). 令 $\mathbb{R}$、$\mathbb{Z}$ 和 $\mathbb{N}$ 分别表示实数、整数和正整数. 由于 $\{z^n : n \in \mathbb{Z}\}$ 是 L^2 上的正规正交基, M_z 就转化成 L^2 上的双边移位算子. 从而子空间 H^2 作为 $\{z^n : n \geqslant 0\}$ 的闭包, 是 M_z 的不变子空间, 并且 M_z 限制在 H^2 上, 为相应的单侧移位算子. 称 L^2 中的闭子空间 W 是约化的, 当且仅当 $zW \subseteq W$ 且 $\bar{z}W \subseteq W$. 在单位圆周 $\mathbb{T}$ 上, $\bar{z}z = 1$, 因此 W 是 M_z 约化的, 当且仅当 $zW = W$. 注意到, 由 z 与 $\bar{z}$ 构成的全体多项式在 $L^\infty = L^\infty(\mathbb{T})$ 中弱 * 稠密, 而 L^∞ 上的弱 $*$ 拓扑与弱算子拓扑一致, 因此子空间 W 是 M_z 约化的, 当且仅当 $L^\infty \cdot W \subseteq W$. 同时, 子空间 W 是 M_z 不变子空间, 当且仅当 $zW \subsetneq W$, 意味着 $H^\infty \cdot W \subseteq W$, 但是 $\bar{z}W \nsubseteq W$.

下面给出经典 L^2 空间中 Beurling-Helson-Lowdenslager 定理 (BHL 定理). 为了使数学专业没有任何不变子空间准备知识的读者能够读懂本书的内容, 本节给出一个完整的证明. 需要说明的是, 在丰富和完善 L^p 与 H^p 空间理论的过程中, 经典的证明方法需要分别讨论 $p \geqslant 2$ 与 $p < 2$ 的情况. 但本节讨论的规范 gauge 范数与 $\|\cdot\|_2$ 范数之间不存在偏序关系, 因此, 借助新的研究思想和方法, 此处给出了与文献 [59] 不同的证明.

定理 6.1.1 (BHL 定理) 设 W 是 L^2 中的一个闭子空间, 且 $zW \subset W$.

(1) 若 W 是约化子空间, 则 $W = \chi_E L^2$, 其中 E 是 $\mathbb{T}$ 中的一个博雷尔集;

(2) 若 W 是不变子空间, 则 $W = \varphi H^2$, 其中 $\varphi \in L^\infty$, 并且 $|\varphi| = 1$ a.e. (m);

(3) 若 $0 \neq W \subseteq H^2$, 则 $W = \varphi H^2$, 其中 φ 是一个内函数, 即 $\varphi \in H^\infty$, $|\varphi| = 1$ a.e. (m).

证明 (1) 从 von Neumann 关于无穷维情形的论述中可以得出, 结论成立.

(2) 若 W 是不变子空间, 则限制在 W 上的乘法算子 $Mz|_W$ 是非酉等距的. 根据 Halmos-Wold-Kolmogorov 分解定理可知, $Mz|_W$ 是由一个单侧移位算子与一个等距算子构成的直和, 即 $W = W_1 \oplus W_2$. 其中, W_1 是单侧移位算子, W_2 是等距算子. 同时, 存在一个单位向量 $\varphi \in W_1$, 使得 $\{z^n\varphi : n \geqslant 0\}$ 是 W_1 的正规正交基. 事实上, 因为对于任意的 $n \geqslant 1$, $\varphi \perp z^n\varphi$, 所以

$$\int_{\mathbb{T}} |\varphi|^2 z^n \mathrm{d}m = 0. \tag{6.1}$$

对式 (6.1) 取共轭可知, 对于所有的 $n \leqslant 1$, $\int_{\mathbb{T}} |\varphi|^2 z^n \mathrm{d}m = 0$, 于是

$$|\varphi(z)|^2 = \sum_{n=-\infty}^{\infty} c_n z^n = c_0.$$

φ 是一个单位向量, 故 $|\varphi|^2 = 1$ a.e. (m). 因此

$$W_1 = \varphi \cdot \overline{\text{span}}\left(\{z^n : n \geqslant 0\}\right) = \varphi H^2.$$

同时, 如果 g 是 W_2 中的单位向量, 则当 $n \geqslant 0$ 时, $z^n\varphi \perp g$ 和 $\varphi \perp z^n g$, 从而

$$\int_{\mathbb{T}} z^n \varphi \bar{g} \mathrm{d}m = 0,$$

其中, $n \in \mathbb{Z}$. 根据函数 φg 的傅里叶系数定义可知, $|\varphi\bar{g}| = 0$, 于是 $|g| = |\varphi\bar{g}| = 0$. 因此, $W = W_1 = \varphi H^2$.

(3) 容易验证, 若 $0 \neq W \subseteq H^2$ 满足 $zW \subset W$ 时, W 不可能是 $\chi_E L^2$, 因此唯一的可能只能是结论 (2), 即 $W = \varphi H^2$. 同时, 由于 $\varphi \in \varphi H^2 = W \subset H^2$, 从而 $\varphi \in H^2$ 是内函数.

注 6.1.1 设 $1 \leqslant p \leqslant \infty$. 若用 $\|\cdot\|_p$ 代替 $\|\cdot\|_2$, 定理 6.1.1 依然成立. 特别地, 当 $p = \infty$ 时, 需假定 W 在 L^∞ 上关于弱 $*$ 拓扑是闭子空间的.

6.2 广义勒贝格空间 L^α 及其对偶

6.2.1 α 范数的定义及性质

为了研究探讨广义 L^p 空间中的不变子空间的刻画, 首先需要研究广义 L^p 范数 α 的定义与性质.

定义 6.2.1 线性空间 L^∞ 上的函数 $\alpha : L^\infty \to [0, \infty]$ 称为 $\|\cdot\|_1$ 控制的规范 gauge 范数, 如果它满足下列三个性质:

(1) $\alpha(1) = 1$;

(2) $\forall f \in L^\infty$, $\alpha(|f|) = \alpha(f)$;

(3) $\forall f \in L^\infty$, $\alpha(f) \geqslant \|f\|_1$.

特别地, 如果

$$\lim_{m(E)\to 0^+} \alpha(\chi_E) = 0,$$

则称 $\|\cdot\|_1$ 控制的规范 gauge 范数 α 连续.

注意, 虽然 α 范数定义在 L^∞ 上, 但可以通过下述方式将 α 范数的定义延拓到单位圆周 $\mathbb{T}$ 上的任意可测函数 f, 即

$$\alpha(f) = \sup\{\alpha(s) : s \text{ 是一个简单函数}, 0 \leqslant s \leqslant |f|\}.$$

此时, $\alpha(f) = \alpha(|f|)$, $\alpha(f) \geqslant \|f\|_1$ 依然成立.

定义 6.2.2 若 α 是一个 $\|\cdot\|_1$ 控制的规范 gauge 范数, 定义

$$\mathcal{L}^\alpha = \{f : \mathbb{T} \to \mathbb{C}\text{可测}, \ \alpha(f) < \infty\}, \quad L^\alpha = \overline{(L^\infty)}^\alpha,$$

即 L^α 为 L^∞ 的 α 范数闭包.

引理 6.2.1 设 f, $g : \mathbb{T} \mapsto \mathbb{C}$ 是可测的, α 是一个 $\|\cdot\|_1$ 控制的规范 gauge 范数, 则下列结论成立:

(1) $|f| \leqslant |g| \Longrightarrow \alpha(f) \leqslant \alpha(g)$;

(2) $\alpha(fg) \leqslant \alpha(f)\|g\|_\infty$;

(3) $\alpha(g) \leqslant \|g\|_\infty$;

(4) $L^\infty \subset L^\alpha \subset \mathcal{L}^\alpha \subset L^1$;

(5) 如果 α 是连续的规范 gauge 范数, $0 \leqslant f_1 \leqslant f_2 \leqslant \cdots$, 并且 $f_n \to f$ a.e. (m), 则 $\alpha(f_n) \to \alpha(f)$;

(6) 如果 α 是连续的规范 gauge 范数, 则 $\mathcal{L}^\alpha$ 和 L^a 都是巴拿赫空间.

证明 (1) 假设 $|u| = 1$ a.e. (m), 则由 α 范数的定义可知

$$\alpha(uf) = \alpha(|uf|) = \alpha(|f|) = \alpha(f).$$

如果 $|f| \leqslant |g|$, 则存在一个可测函数 h 满足 $|h| \leqslant 1$ a.e. (m), 使得 $f = hg$. 于是存在可测函数 u_1 与 u_2 满足 $|u_1| = |u_2| = 1$ a.e. (m), 使得 $h = (u_1 + u_2)/2$. 根据范数的线性性和三角不等式可知

$$\alpha(f) = \alpha((u_1g + u_2g)/2) \leqslant \frac{1}{2}[\alpha(u_1g) + \alpha(u_2g)] = \alpha(g).$$

(2) 由于 $|fg| \leqslant |f|\,\|g\|_\infty$ a.e. (m), 则由结论 (1) 可知 $\alpha(fg) \leqslant \alpha(f)\|g\|_\infty$.

(3) 在结论 (2) 中, 取 $f = 1$, 则结论 (3) 成立.

(4) 假设 $s \in L^\infty$, 根据 α 范数的定义, $\|s\|_1 \leqslant \alpha(s)$. 因此, 对于任意的可测函数 f, 有

$$\alpha(f) \geqslant \sup\{\|s\|_1 : s \text{ 是一个简单函数}, 0 \leqslant s \leqslant |f|\} = \|f\|_1,$$

从而 $\mathcal{L}^\alpha \subset L^1$. 另外, 根据 L^α 空间的定义可知, $L^\infty \subset L^\alpha \subset \mathcal{L}^\alpha$.

(5) 假设 $0 \leqslant s \leqslant f$ 且 $0 \leqslant t < 1$, 令简单函数 s 的表达式为

$$s = \sum_{1 \leqslant k \leqslant m} a_k \chi_{E_k},$$

其中, $\{E_1, \cdots, E_m\}$ 两两互不相交; $\{a_1, a_2, \cdots, a_m\}$ 为简单函数 s 在 $\{E_1, \cdots, E_m\}$ 上对应的函数值. 若取

$$E_{k,n} = \{\omega \in E_k : t a_k < f_n(\omega)\},$$

则

$$E_{k,1} \subset E_{k,2} \subset \cdots, \qquad \bigcup_{1 \leqslant n < \infty} E_{k,n} = E_k.$$

因为 α 是连续的规范 gauge 范数, 故

$$\alpha\left(\chi_{E_k} \chi_{E_{k,n}}\right) = \alpha\left(\chi_{E_k \setminus E_{k,n}}\right) \to 0,$$

于是

$$t\alpha(s) = \lim_{n \to \infty} \alpha\left(\sum_{k=1}^{m} t a_k \chi_{E_{k,n}}\right) \leqslant \lim_{n \to \infty} \alpha(f_n).$$

注意到, t 是任意小于 1 的非负实数, 因此对于任意的简单函数 s 都有

$$\alpha(s) \leqslant \lim_{n \to \infty} \alpha(f_n).$$

根据 $\alpha(f)$ 的定义, $\alpha(f) \leqslant \lim_{n \to \infty} \alpha(f_n)$. 同时, 由结论 (1) 可知, 对于任意的 $n \geqslant 1$, $\alpha(f_n) \leqslant \alpha(f)$, 从而 $\lim_{n \to \infty} \alpha(f_n) \leqslant \alpha(f)$, 意味着

$$\lim_{n \to \infty} \alpha(f_n) = \alpha(f).$$

(6) 容易验证, $\mathcal{L}^\alpha$ 是关于 α 范数的一个赋范空间. 证明其完备性, 假设 $\{f_n\}$ 是 $\mathcal{L}^\alpha$ 中的一个序列, 且 $\sum\limits_{n=1}^{\infty} \alpha(f_n) < \infty$(即级数 $\sum\limits_{n=1}^{\infty} f_n$ 在 $\mathcal{L}^\alpha$ 中绝对收敛). $\|\cdot\|_1 \leqslant \alpha$, 故存在函数 g , 使得 $g = \sum\limits_{n=1}^{\infty} |f_n| \in L^1$. 因为 L^1 是完备空间, 所以 $f = \sum\limits_{n=1}^{\infty} f_n$ 几乎处处收敛, 从而根据结论 (5) 的收敛性结论可知

$$\alpha(g) = \lim_{N \to \infty} \alpha\left(\sum_{n=1}^{N} |f_n|\right) \leqslant \lim_{N \to \infty} \sum_{n=1}^{N} \alpha(|f_n|) = \sum_{n=1}^{\infty} \alpha(f_n) < \infty.$$

又 $|f| \leqslant g$, 由结论 (1) 可知 $\alpha(f) < \infty$, 于是 $f \in \mathcal{L}^\alpha$. 同样, 根据结论 (1) 和结论 (5), 对于任意的 $N \geqslant 1$ 都有

$$\alpha\left(f\sum_{n=1}^{N}f_n\right)\leqslant\alpha\left(\sum_{n=N+1}^{\infty}|f_n|\right)\leqslant\sum_{n=N+1}^{\infty}\alpha\left(f_n\right)=\sum_{n=1}^{\infty}\alpha\left(f_n\right)\sum_{n=1}^{N}\alpha\left(f_n\right).$$

从而根据级数 $\sum\limits_{n=1}^{\infty} f_n$ 在 $\mathcal{L}^\alpha$ 中绝对收敛可得

$$\lim_{N\to\infty}\alpha\left(f\sum_{n=1}^{N}f_n\right)=0.$$

于是 $\mathcal{L}^\alpha$ 中每一个绝对收敛的级数本身收敛, 因此 $\mathcal{L}^\alpha$ 是完备的.

令 $\mathcal{N}$ 表示全体 $\|\cdot\|_1$ 范数控制的规范 gauge 范数, $\mathcal{N}_{\mathrm{c}}$ 表示 $\mathcal{N}$ 中全体连续范数. 下面讨论 $\mathcal{N}$ 与 $\mathcal{N}_{\mathrm{c}}$ 上的拓扑性质.

引理 6.2.2 集合 $\mathcal{N}$ 与 $\mathcal{N}_{\mathrm{c}}$ 是凸集, 并且 $\mathcal{N}$ 在逐点收敛拓扑下是紧集.

证明 根据 $\mathcal{N}$ 与 $\mathcal{N}_{\mathrm{c}}$ 的定义可以验证, $\mathcal{N}$ 与 $\mathcal{N}_{\mathrm{c}}$ 都是凸集. 下面证明 $\mathcal{N}$ 是紧集. 设 $\{\alpha_\lambda\}$ 是 $\mathcal{N}$ 中的一个网, 在 $\mathcal{N}$ 中选取子网 $\{\alpha_{\lambda_\kappa}\}$, 使其成为一个超网 (ultranet), 则对于任意的 $f\in L^\infty$, $\{\alpha_{\lambda_\kappa}(f)\}$ 在实数集上的紧集 $[\|f\|_1,\|f\|_\infty]$ 中是一个超网. 由超网在紧集中收敛可知

$$\alpha(f)=\lim_k\alpha_{\lambda_k}(f)$$

存在, 从而根据 $\mathcal{N}$ 上逐点收敛拓扑的定义可知 $\alpha\in\mathcal{N}$, 因此 $\mathcal{N}$ 是紧集.

例 6.2.1 容易验证, 常规的 $\|\cdot\|_p$ 范数 ($1\leqslant p<\infty$) 是连续的 $\|\cdot\|_1$ 范数控制的规范 gauge 范数. 下面给出 $\mathcal{N}_{\mathrm{c}}$ 中非平凡的例子.

(1) 若对于任意的 $n\geqslant 1$ 有 $1\leqslant p_n<\infty$, 则

$$\alpha=\sum_{n=1}^{\infty}\frac{1}{2^n}\|\cdot\|_{p_n}\in\mathcal{N}_{\mathrm{c}}.$$

特别地, 当 $p_n\to\infty$ 时, α 与任意常规的 $\|\cdot\|_p$ 范数 ($1\leqslant p<\infty$) 都不等价.

(2) 控制理论方面常用的 Lorentz 范数、Marcinkiewicz 范数、Orlicz 范数也是 $\mathcal{N}_{\mathrm{c}}$ 中重要的范数 [65].

6.2.2 L^α 空间的对偶

本小节的主要内容是研究广义积分空间 L^α 的对偶, 并在此基础上证明相应的里斯定理. 下面介绍对偶范数的定义并讨论其性质.

定义 6.2.3 设 α 是一个 $\|\cdot\|_1$ 范数控制的规范 gauge 范数, 则 α 的对偶范数 $\alpha':L^\infty\mapsto[0,\infty]$ 定义为

$$\alpha'(f)=\sup\left\{\left|\int_{\mathbb{T}}fh\mathrm{d}m\right|:h\in L^\infty,\ \alpha(h)\leqslant 1\right\}$$

$$=\sup\left\{\int_{\mathbb{T}}|fh|\,\mathrm{d}m : h\in L^\infty,\ \alpha(h)\leqslant 1\right\}.$$

由对偶范数的定义, 可以推得它有如下性质.

引理 6.2.3 设 α 是一个 $\|\cdot\|_1$ 范数控制的规范 gauge 范数, 则对偶范数 α' 也是一个 $\|\cdot\|_1$ 范数控制的规范 gauge 范数.

证明 设 $f\in L^\infty$, 如果 $h\in L^\infty$ 且 $\alpha(h)\leqslant 1$, 则

$$\int_{\mathbb{T}}|fh|\mathrm{d}m\leqslant\|f\|_\infty\|h\|_1\leqslant\|f\|_\infty\alpha(h)\leqslant\|f\|_\infty,$$

故根据 α' 的定义可知, $\alpha'(f)\leqslant\|f\|_\infty$. 同时, 由于 $\alpha(1)=1$, 于是

$$\alpha'(f)\geqslant\int_{\mathbb{T}}|f|1\mathrm{d}m=\|f\|_1$$

成立. 令 $f=1\in L^\infty$, 于是

$$1=\|1\|_1\leqslant\alpha'(1)\leqslant\|1\|_\infty=1,$$

即 $\alpha'(1)=1$. 同时, 结合 α' 的定义与不等式 $\|f\|_1\leqslant\alpha'(f)\leqslant\|f\|_\infty$, 可以验证 α' 是一个范数, 且对于任意的 $f\in L^\infty$ 有 $\alpha'(|f|)=\alpha'(f)$. 因此, α' 也是一个 $\|\cdot\|_1$ 范数控制的规范 gauge 范数.

下面介绍 L^α 的对偶空间, 即里斯定理.

命题 6.2.1 设 α 是连续的 $\|\cdot\|_1$ 范数控制的规范 gauge 范数, α' 是 α 的对偶范数, 则 $(L^\alpha)^\sharp=\mathcal{L}^{\alpha'}$. 于是对于任意的 $\varPhi\in(L^\alpha)^\sharp$, 存在唯一的 $h\in\mathcal{L}^{\alpha'}$, 使得 $\|\varPhi\|=\alpha'(h)$, 且

$$\varPhi(f)=\int_{\mathbb{T}}fh\mathrm{d}m,$$

其中, $f\in L^\alpha$.

证明 假定 $\{E_n\}$ 为 $\mathbb{T}$ 上可数个不相交的可测集, 则

$$\lim_{N\to\infty}m\left(\bigcup_{n=N+1}^{\infty}E_n\right)=0.$$

由 α 的连续性可知

$$\lim_{N\to\infty}\left|\varPhi\left(\sum_{n=N+1}^{\infty}\chi_{E_n}\right)\right|\leqslant\lim_{N\to\infty}\|\varPhi\|\,\alpha\left(\sum_{n=N+1}^{\infty}\chi_{E_n}\right)=0,$$

因此

$$\Phi\left(\sum_{n=1}^{\infty}\chi_{E_n}\right)=\sum_{n=1}^{\infty}\Phi\left(\chi_{E_n}\right).$$

意味着, 限制在 L^∞ 上的线性泛函 Φ 是弱 * 连续的, 即对于任何的 $f\in L^\infty$, 存在一个 $h\in L^1$, 使得

$$\Phi\left(f\right)=\int_{\mathbb{T}}fh\mathrm{d}m$$

成立. h 的唯一性很显然, 事实上, 假设 h 与 h' 满足:

$$\Phi\left(f\right)=\int_{\mathbb{T}}fh\mathrm{d}m=\int_{\mathbb{T}}fh'\mathrm{d}m.$$

对于任意可测集 $E\subset\mathbb{T}$, 令 $f=\chi_E$, 则

$$0=\int_{\mathbb{T}}\chi_E(hh')\mathrm{d}m=\int_{\mathbb{E}}(hh')\mathrm{d}m,$$

于是在集合 E 上, $h=h'$ a.e.(m). 由于 E 是任意的, 取 $E=\mathbb{T}$, 则 $h=h'$ a.e.(m).

同时, 注意到 L^∞ 在 L^α 中稠密, 于是对于任意的 $f\in L^\alpha$ 有

$$\Phi\left(f\right)=\int_{\mathbb{T}}fh\mathrm{d}m.$$

此时, 由 α' 与 $\|\Phi\|$ 的定义可得 $\alpha'(h)=\|\Phi\|<\infty$, 故 $h\in\mathcal{L}^{\alpha'}$.

由上面的结论可知, $\mathcal{L}^{\alpha'}$ 是 L^α 的对偶空间, 于是下述结论成立.

推论 6.2.1　设 α 是连续的 $\|\cdot\|_1$ 范数控制的规范 gauge 范数, α' 是 α 的对偶范数, 则 $\mathcal{L}^{\alpha'}$ 是完备的 Banach 空间.

令 $\mathbb{B}=\{f\in L^\infty:\|f\|_\infty\leqslant 1\}$ 表示 L^∞ 中的闭单位圆盘. 下面介绍闭单位圆盘上的一个重要结论.

引理 6.2.4　设 α 是连续的 $\|\cdot\|_1$ 范数控制的规范 gauge 范数, 则

(1) 在闭单位圆盘 $\mathbb{B}$ 上, α 范数拓扑与 $\|\cdot\|_2$ 范数拓扑一致.

(2) 闭单位圆盘 $\mathbb{B}=\{f\in L^\infty:\|f\|_\infty\leqslant 1\}$ 关于 α 范数是闭的.

证明　(1) 由于 $\|\cdot\|_1\leqslant\alpha$, α 范数收敛蕴含着 $\|\cdot\|_1$ 范数收敛, 从而依测度收敛. 假设 $\{f_n\}$ 是 $\mathbb{B}$ 中的一个序列, $f\in\mathbb{B}$ 且 $f_n\to f$(依测度收敛). 若 $\varepsilon>0$, 令

$$E_n=\left\{z\in\mathbb{T}:\left|f\left(z\right)f_n\left(z\right)\right|\geqslant\frac{\varepsilon}{2}\right\},$$

则根据依测度收敛的定义可知 $\lim\limits_{n\to\infty} m(E_n) = 0$. 又因为 α 是连续的, 故由连续的定义可知

$$\lim_{n\to\infty} \alpha(\chi_{E_n}) = 0,$$

意味着,

$$\begin{aligned}\alpha(f_n f) &= \alpha((ff_n)\chi_{E_n} + (ff_n)\chi_{\mathbb{T}\setminus E_n}) \\ &\leqslant \alpha((ff_n)\chi_{E_n}) + \alpha((ff_n)\chi_{\mathbb{T}\setminus E_n}) \\ &< \alpha(|ff_n|\chi_{E_n}) + \frac{\varepsilon}{2} \\ &\leqslant \|ff_n\|_\infty \alpha(\chi_{E_n}) + \frac{\varepsilon}{2} \\ &\leqslant 2\alpha(\chi_{E_n}) + \frac{\varepsilon}{2}.\end{aligned}$$

于是当 $n \to \infty$ 时, $\alpha(f_n f) \to 0$, 因此 $\mathbb{B}$ 中的 α 范数收敛等价于依测度收敛. α 范数是任意的, 包含常规 $\|\cdot\|_2$ 范数, 故 $\|\cdot\|_2$ 范数收敛与依测度收敛等价, 从而 α 范数拓扑与 $\|\cdot\|_2$ 范数拓扑一致.

(2) 假设 $\{g_n\}$ 是闭单位圆盘 $\mathbb{B}$ 中的一个序列, $g \in L^\infty$ 且 $\alpha(g_n g) \to 0$. 因为 $\|\cdot\|_1 \leqslant \alpha$, 所以 $\|g_n g\|_1 \to 0$, 于是 $g_n \to g$ (依测度收敛). 因此, 存在一个子列 $\{g_{n_k}\}$ 满足 $g_{n_k} \to g$ a.e. (m). 此时, $g_{n_k} \in \mathbb{B}(\forall k \in \mathbb{N})$, 故子列极限 $|g| \leqslant 1$, 因此 $g \in \mathbb{B}$. 这就证明了 $\mathbb{B} = \{f \in L^\infty : \|f\|_\infty \leqslant 1\}$ 关于 α 范数是闭子空间.

6.3 BHL 不变子空间理论

6.3.1 BHL 不变子空间的结构

在本小节中, 通过研究不变子空间的结构, 将讨论并证明广义哈代空间中的 BHL 不变子空间定理. 假设 α 是连续的 $\|\cdot\|_1$ 范数控制的规范 gauge 范数, 定义 H^α 空间为 H^∞ 的 α 范数闭包, 即

$$H^\alpha = [H^\infty]^\alpha.$$

由于 H^∞ 空间中闭单位圆盘 $\mathbb{B}$ 上的全体幂级数多项式是依 $\|\cdot\|_2$ 范数稠密的 (可以考虑多项式部分和序列的 Cesaro 平均值), 根据引理 6.2.4 可知, H^α 可以作为幂级数多项式的 α 范数闭包.

下面介绍广义哈代空间 H^α 的另一个等价刻画.

引理 6.3.1 设 α 是连续的 $\|\cdot\|_1$ 范数控制的规范 gauge 范数, 则

$$H^\alpha = H^1 \cap L^\alpha.$$

证明　由于 $\|\cdot\|_1 \leqslant \alpha$, α 范数收敛蕴含着 $\|\cdot\|_1$ 范数收敛, 于是

$$H^\alpha = [H^\infty]^\alpha \subset [H^\infty]^{\|\cdot\|_1} = H^1.$$

同时, 注意到

$$H^\alpha = [H^\infty]^\alpha \subset [L^\infty]^\alpha = L^\alpha,$$

从而 $H^\alpha \subset H^1 \cap L^\alpha$. 假设 $0 \neq f \in H^1 \cap L^\alpha$ 且 $\varphi \in (L^\alpha)^\sharp$ 满足 $\varphi|_{H^\alpha} = 0$. 应用命题 6.2.1, 存在一个 $h \in \mathcal{L}^{\alpha'}$, 使得对于任意的 $f \in L^\alpha$, $\varphi(f) = \int_{\mathbb{T}} fh\mathrm{d}m$ 成立. 将引理 6.2.1 中的结论 (4) 与引理 6.2.3 结合, 可以推出 $h \in \mathcal{L}^{\alpha'} \subset L^1$, 记

$$h(z) = \sum_{n=\infty}^{\infty} c_n z^n.$$

由于 $\varphi|_{H^\alpha} = 0$, 则对于任意的 $n \geqslant 0$ 有

$$c_n = \int_{\mathbb{T}} hz^n \mathrm{d}m = \varphi(z^n) = 0,$$

意味着 h 是解析的, 且 $h(0) = 0$. 注意到 $h \in \mathcal{L}^{\alpha'}$, $f \in L^\alpha \cap H^1$, 于是 fh 是解析函数, 并且 $fh \in L^1$, 于是 $fh \in H^1$. 因此,

$$\varphi(f) = \int_{\mathbb{T}} fh\mathrm{d}m = f(0)\,h(0) = 0.$$

因为 $\varphi|H^\alpha = 0$ 且 $f \neq 0$, 所以根据 Hahn-Banach 延拓定理可知, $f \in H^\alpha$, 意味着 $H^1 \cap L^\alpha \subset H^\alpha$, 因此 $H^1 \cap L^\alpha = H^\alpha$.

基于 Herglotz 核 [96] 的性质, 可以得出如下哈代空间中外函数的形式刻画.

引理 6.3.2　$\{|g| : 0 \neq g \in H^1\} = \{\varphi \in L^1 : \varphi \geqslant 0,\ \ln\varphi \in L^1\}$. 事实上, 如果 $\varphi \geqslant 0$, 使得 φ, $\ln\varphi \in L^1$, 则对于 $z \in \mathbb{D}$,

$$g(z) = \exp\int_{\mathbb{T}} \frac{w+z}{wz} \ln\varphi(w)\,\mathrm{d}m(w)$$

定义了 $\mathbb{D}$ 中的一个外函数 g, 且在 $\mathbb{T}$ 上, $|g| = |\varphi|$.

根据广义哈代空间的等价刻画与外函数的形式, 下面讨论广义勒贝格空间中的内外分解问题以备后用.

命题 6.3.1　设 α 是连续的 $\|\cdot\|_1$ 范数控制的规范 gauge 范数. 若 $k \in L^\infty$ 且 $k^1 \in L^\alpha$, 则存在一个幺模函数 (在 $\mathbb{T}$ 上模为 1)$w \in L^\infty$ 与一个外函数 $h \in H^\infty$, 使得 $k = wh$ 且 $h^1 \in H^\alpha$.

证明 假设 $k \in L^{\infty}$ 满足 $k^1 \in L^{\alpha}$, 注意到在单位圆周 $\mathbb{T}$ 上,

$$|k| \leqslant \ln|k| = \ln|k^1| \leqslant |k^1|,$$

于是结合 $k \in L^{\infty}$ 与 $k^1 \in L^{\alpha} \subset L^1$ 可得

$$-\infty < \int_{\mathbb{T}} |k|\mathrm{d}m \leqslant \int_{\mathbb{T}} \ln|k^1|\mathrm{d}m \leqslant \int_{\mathbb{T}} |k^1|\mathrm{d}m < \infty,$$

意味着 $\ln|k^1| \in L^1$ 是可积的. 因此, 由引理 6.3.2 可知, 存在一个外函数 $g \in H^1$, 使得 $|g(z)| = |k^1(z)|$, 其中 $z \in \mathbb{T}$. 令 $h = g^1$ 且 $w = kg$, 因为 g 是外函数, 所以 $h = g^1$ 在单位圆盘 $\mathbb{D}$ 上是解析的. 又因为在单位圆周 $\mathbb{T}$ 上,

$$|h| = |g^1| = |k| \in L^{\infty},$$

故 $h \in H^{\infty}$. 于是等式 $|g| = |k^1|$ 蕴含着

$$|w| = |kg| = |k||k^1| = 1,$$

从而 $k = wh$, 其中 w 是幺模函数, $h \in H^{\infty}$. 同时, 根据引理 6.3.1 可知

$$h^1 = g = wk^1 \in L^{\alpha} \cap H^1 = H^{\alpha}.$$

命题得证.

在给出主要结论之前, 需要如下的引理作铺垫.

引理 6.3.3 设 X 是一个巴拿赫空间, M 是 X 中的一个闭子空间, 则 M 关于弱拓扑收敛是闭子空间.

证明 显然, $M \subset \overline{M}^w$. 假设存在 $x_0 \in \overline{M}^w$, 但 $x_0 \notin M$, 则根据 Hahn-Banach 延拓定理可知, 存在一个线性泛函 $\varPhi \in X^{\sharp}$, 使得 $\varPhi|_M = 0$ 且 $\varPhi(x_0) \neq 0$. 因为 $x_0 \in \overline{M}^w$, 所以在 M 中存在一个网 $\{x_\lambda\}$, 使得 $x_\lambda \to x_0$ (弱收敛), 于是

$$\varPhi(x_\lambda) \to \varPhi(x_0) \neq 0.$$

然而, 由于对于任意的 λ, $\varPhi(x_\lambda) = 0$, 意味着 $\varPhi(x_0) = 0$, 矛盾. 因此, $M = \overline{M}^w$, 这就证明了 M 关于弱拓扑收敛是闭子空间.

引理 6.3.4 设 α 是连续的 $\|\cdot\|_1$ 范数控制的规范 gauge 范数, 若 M 是 H^{α} 的闭的 M_z 不变子空间 (即 $zM \subset M$), 则 $H^{\infty}M \subset M$.

证明 令 $\mathcal{P}_+ = \{e_n : n \in \mathbb{N}\}$ 表示 H^{∞} 中全体幂级数多项式的集合, 其中 $e_n(z) = z^n (\forall z \in \mathbb{T})$, 则由 $zM \subset M$ 可知, 对于任意的多项式 $P \in \mathcal{P}_+$,

$P(z)M \subset M$ 成立. 下面证明 $fh \in M$, 其中 $f \in H^\infty$, $h \in M$. 假设 u 是 $\mathcal{L}^{\alpha'}$ 中的一个非零元, 则根据命题 6.2.1 可知

$$hu \in M\mathcal{L}^{\alpha'} \subset L^\alpha(L^\alpha)^\sharp \subset L^1.$$

又因为 $f \in H^\infty$, 故当 $n < 0$ 时,

$$\hat{f}(n) = \int_{\mathbb{T}} f(z)z^n \mathrm{d}m(z) = 0,$$

意味着部分和函数

$$S_n(f) = \sum_{k=n}^{n} \hat{f}(n)e_n = \sum_{k=0}^{n} \hat{f}(n)e_n \in \mathcal{P}_+.$$

因此, 函数 f 的 Cesaro 平均值

$$\sigma_n(f) = \frac{S_0(f) + S_1(f) + \cdots + S_n(f)}{n+1} \in \mathcal{P}_+.$$

因为 $\sigma_n(f) \to f$ (弱 * 收敛), 故当 $hu \in L^1$ 时,

$$\int_{\mathbb{T}} \sigma_n(f)hu\mathrm{d}m \to \int_{\mathbb{T}} fhu\mathrm{d}m.$$

注意到,

$$\sigma_n(f)h \in \mathcal{P}_+M \subset M \subset L^\alpha(\mathbb{T}), \text{ 且 } u \in \mathcal{L}^{\alpha'}(\mathbb{T}),$$

于是 $\sigma_n(f)h \to fh$ (弱收敛). 根据假设, M 是 $H^\alpha(\mathbb{T})$ 中的闭子空间, 则由引理 6.3.3 可知, M 关于弱拓扑是闭子空间, 意味着 $fh \in M$. 因此, 引理得证.

下面介绍经典的 Krein-Smulian 定理 [90].

引理 6.3.5 设 X 是一个巴拿赫空间, $X^\sharp$ 中的一个凸集是弱 * 闭子空间, 当且仅当它与 $\{\Phi \in X^\sharp : \|\Phi\| \leqslant 1\}$ 的交是弱 * 闭子空间.

利用 Krein-Smulian 定理, 可推出广义勒贝格空间中 M_z 不变子空间的结构如下.

定理 6.3.1 设 α 是连续的 $\|\cdot\|_1$ 范数控制的规范 gauge 范数. 若 W 是 L^α 中的闭子空间 (关于 α 范数封闭), M 是 L^∞ 中弱 * 闭子空间, 且满足 $zM \subseteq M$, $zW \subseteq W$, 则

(1) $M = [M]^\alpha \cap L^\infty$;

(2) $W \cap L^\infty$ 在 L^∞ 中弱 * 闭;

(3) $W=[W\cap L^{\infty}]^{\alpha}$.

证明 (1) 显然, $M\subset [M]^{\alpha}\cap L^{\infty}$. 利用反证法, 假定 $w\in [M]^{\alpha}\cap L^{\infty}$, 但 $w\notin M$. 因为 M 是弱 * 闭的, 所以存在一个函数 $F\in L^1$, 使得 $\int_{\mathbb{T}} Fw\mathrm{d}m\neq 0$. 但对于任意的 $g\in M$, $\int_{\mathbb{T}} gF\mathrm{d}m=0$. 令 $k=\dfrac{1}{|F|+1}$, 则 $k\in L^{\infty}$ 且 $k^1\in L^1$. 根据命题 6.3.1 可知, 存在一个外函数 $h\in H^{\infty}$ 和一个幺模函数 u, 使得 $k=uh$ 且 $1/h\in H^1$. 当 $1/h\in H^1$ 时, 存在一个序列 $\{h_n\}\subset H^{\infty}$ 满足 $\left\|h_n\cdot\dfrac{1}{h}\right\|_1\to 0$. 因为

$$hF=\bar{u}kF=\bar{u}\frac{F}{|F|+1}\in L^{\infty},$$

所以

$$\|h_nhFF\|_1=\|h_nhF\frac{1}{h}hF\|_1\leqslant\left\|h_n\frac{1}{h}\right\|_1\|hF\|_{\infty}\to 0.$$

对于任意的 $n\in\mathbb{N}$ 和 $g\in M$, 由引理 6.3.4 可知, $h_nhg\in H^{\infty}M\subset M$. 因此, 对于任意的 $g\in M$,

$$\int_{\mathbb{T}} gh_nhF\mathrm{d}m=\int_{\mathbb{T}} h_nhgF\mathrm{d}m=0.$$

若 $g\in[M]^{\alpha}$, 则存在一个序列 $\{g_m\}\subset M$, 使得 $\alpha(g_mg)\to 0\ (m\to\infty)$. 对于任意的 $n\in\mathbb{N}$, $h_nhF\in H^{\infty}L^{\infty}\subset L^{\infty}$, 且

$$\begin{aligned}\left|\int_{\mathbb{T}} gh_nhF\mathrm{d}m\int_{\mathbb{T}} g_mh_nhF\mathrm{d}m\right|&\leqslant\int_{\mathbb{T}}|(gg_m)h_nhF|\mathrm{d}m\\&\leqslant\|h_nhF\|_{\infty}\int_{\mathbb{T}}|g_mg|\mathrm{d}m\\&=\|h_nhF\|_{\infty}\|g_mg\|_1\\&\leqslant\|h_nhF\|_{\infty}\alpha(g_mg)\to 0,\end{aligned}$$

从而对于任意的 $g\in[M]^{\alpha}$,

$$\int_{\mathbb{T}} gh_nhF\mathrm{d}m=\lim_{m\to\infty}\int_{\mathbb{T}} g_mh_nhF\mathrm{d}m=0.$$

特别地, 当 $w\in[M]^{\alpha}\cap L^{\infty}$ 时,

$$\int_{\mathbb{T}} h_nhFw\mathrm{d}m=\int_{\mathbb{T}} wh_nhF\mathrm{d}m=0,$$

结合假设可得

$$
\begin{aligned}
0 \neq & \left|\int_{\mathbb{T}} Fw\mathrm{d}m\right| \\
= & \lim_{n\to\infty}\left|\int_{\mathbb{T}} Fw\mathrm{d}m\right| \\
\leqslant & \lim_{n\to\infty}\left|\int_{\mathbb{T}} Fwh_nhFw\mathrm{d}m\right| + \lim_{n\to\infty}\left|\int_{\mathbb{T}} h_nhFw\mathrm{d}m\right| \\
\leqslant & \lim_{n\to\infty}\|Fh_nhF\|_1\|w\|_{\infty} + 0 \\
= & 0
\end{aligned}
$$

矛盾. 因此, $M = [M]^{\alpha} \cap L^{\infty}$.

(2) 令 $M = W \cap L^{\infty}$, 若想证明 M 在 L^{∞} 中弱 * 闭, 根据 Krein-Smulian 定理, 只需证明 $M \cap \mathbb{B}$ 是弱 * 闭的. 事实上, 由于 $M \cap \mathbb{B} = W \cap \mathbb{B}$, 且 W 在 L^{α} 中是闭的, 则由引理 6.2.4 中的结论 (2) 可知, $M \cap \mathbb{B} = W \cap \mathbb{B}$ 关于 α 范数是闭的. 又因为 α 范数是连续的, 根据引理 6.2.4 中的结论 (1), $M \cap \mathbb{B}$ 关于 $\|\cdot\|_2$ 范数是闭的. 注意到 $M \cap \mathbb{B}$ 是凸集, 故 $M \cap \mathbb{B}$ 在 L^2 中依弱拓扑是闭的. 假设函数列 $\{f_{\lambda}\} \subset M \cap \mathbb{B}$ 在 L^{∞} 中满足 $f_{\lambda} \to f$ (弱 * 收敛), 则对于任意的 $g \in L^1$, $\displaystyle\int_T (f_{\lambda} f)\, g\mathrm{d}m \to 0$. 因为 $L^2 \subset L^1$, 所以 $f_{\lambda} \to f$ (在 L^2 中弱收敛), 从而 $f \in M \cap \mathbb{B}$. 因此, $M \cap \mathbb{B}$ 在 L^{∞} 中弱 * 闭.

(3) 若 W 在 L^{α} 中关于 α 范数是闭的, 容易验证 $W \supset [W \cap L^{\infty}]^{\alpha}$. 假设 $f \in W \subset L^{\alpha}$, 令 $k = \dfrac{1}{|f|+1}$, 则 $k^1 \in L^{\alpha} \subset L^{\infty}$, 且

$$
\|k\|_{\infty} = \left\|\frac{1}{|f|+1}\right\|_{\infty} \leqslant \frac{1}{\|f\|_{\infty}} \leqslant \frac{1}{\alpha(f)} < \infty,
$$

意味着 $k \in L^{\infty}$. 根据命题 6.3.1 可知, 存在一个外函数 $h \in H^{\infty}$ 满足 $1/h \in H^{\alpha}$ 和一个幺模函数 $u \in L^{\infty}$, 使得 $k = uh$, 于是

$$
hf = \bar{u}kf = \bar{u}\frac{f}{|f|+1} \in L^{\infty}.
$$

由于 $1/h \in H^{\alpha}$, 存在一个函数列 $\{h_n\} \subset H^{\infty}$ 满足 $\alpha\left(h_n\dfrac{1}{h}\right) \to 0$. 对于任意的 $n \in \mathbb{N}$, 由引理 6.3.4 可知, $h_nhf \in H^{\infty} \cdot H^{\infty} \cdot W \subset W$. 同时, 注意到 $h_nhf \in H^{\infty}L^{\infty} \subset L^{\infty}$, 即 $\{h_nhf\}$ 是 $W \cap L^{\infty}$ 中的一个函数列. 应用引理 6.2.1

中的结论 (2) 可得

$$\alpha(h_n hf) \leqslant \alpha\left(h_n \frac{1}{h}\right) \|hf\|_\infty \to 0,$$

从而 $f \in [W \cap L^\infty]^\alpha$. 因此, $W = [W \cap L^\infty]^\alpha$.

下面的结论是上述定理的一个直接推论, 它架起了一座从 L^2 空间中不变子空间的结构到 L^∞ 空间中 (弱 * 闭) 不变子空间结构的桥梁.

推论 6.3.1 假设 M 是 L^∞ 中的一个弱 * 闭子空间, 则 $zM \subset M$, 当且仅当 $M = \varphi H^\infty$, 其中 φ 是一个幺模函数, 或者 $M = \chi_E L^\infty$, 其中 E 是单位圆周 $\mathbb{T}$ 上的一个博雷尔集.

证明 若 M 是 L^∞ 中一个弱 * 闭子空间满足 $zM \subset M$, 容易验证, $z[M]^{\|\cdot\|_2} \subset [M]^{\|\cdot\|_2}$, 即 M 是 L^2 中的一个 M_z 不变子空间. 根据定理 6.1.1 可知, $M = \varphi H^2$, 其中 φ 是一个幺模函数, 或者 $M = \chi_E L^2$, 其中 E 是单位圆周 $\mathbb{T}$ 上的一个博雷尔集. 此时应用定理 6.3.1 中的结论 (1) 可得

$$M = [M]^{\|\cdot\|_2} \cap L^\infty = \varphi H^2 \cap L^\infty = \varphi H^\infty,$$

或者

$$M = [M]^{\|\cdot\|_2} \cap L^\infty = \chi_E L^2 \cap L^\infty = \chi_E L^\infty.$$

6.3.2 BHL 不变子空间形式的刻画

在 6.3.1 小节中, 给出了不变子空间的结构形式, 本小节讨论广义勒贝格空间中的 BHL 不变子空间定理. 同时, 给出广义哈代空间中 Beurling 不变子空间定理的推广.

定理 6.3.2 假设 α 是连续的 $\|\cdot\|_1$ 范数控制的规范 gauge 范数, 若 W 是 L^α 中的一个闭子空间, 则 $zW \subseteq W$, 当且仅当 $W = \varphi H^\alpha$, 其中 φ 是一个幺模函数, 或者 $W = \chi_E L^\alpha$, 其中 E 是单位圆周 $\mathbb{T}$ 上的一个博雷尔集. 特别地, 当 $0 \neq W \subset H^\alpha$ 时, $W = \varphi H^\alpha$, 其中 φ 是 H^∞ 中的一个内函数.

证明 必要性很显然, 下面只需证明充分性. 令 $M = W \cap L^\infty$, 则根据定理 6.3.1 的结论 (2) 可知, M 在 L^∞ 中是弱 * 闭的. 因为 $zW \subset W$, 所以 $zM \subset M$, 于是应用推论 6.3.1 可得 $M = \varphi H^\infty$, 其中 φ 是一个幺模函数, 或者 $M = \chi_E L^\infty$, 其中 E 是单位圆周 $\mathbb{T}$ 上的一个博雷尔集. 从而根据定理 6.3.1 中的结论 (3) 可知

$$W = [W \cap L^\infty]^\alpha = [M]^\alpha,$$

因此,

$$W = [\varphi H^\infty]^\alpha = \varphi H^\alpha,$$

其中, φ 是一个幺模函数, 或者

$$W = [\varphi H^\infty]^\alpha = \chi_E L^\alpha,$$

其中, E 是单位圆周 $\mathbb{T}$ 上的一个博雷尔集. 当 $0 \neq W \subset H^\alpha$ 时, 由 $W = \varphi H^\alpha$ 可以看出

$$\varphi = \varphi \cdot 1 \in \varphi H^\alpha = W \subset H^\alpha.$$

由于 φ 是一个幺模函数, 即在单位圆周 $\mathbb{T}$ 上, $|\varphi| = 1$, 从而根据内函数的定义可知, φ 是 H^∞ 中的一个内函数.

注 6.3.1 在定理 6.3.2 中, 不变子空间的结构有下面两种不同的形式:

(1) 如果 $W = \chi_E L^\alpha$, 则 $zW = W$. 此时, W 是 L^α 的约化子空间.

(2) 如果 $W = \varphi H^\alpha$, 则 $zW \subsetneqq W$. 此时, W 是 L^α 的不变子空间.

事实上, 由于乘法算子 M_φ 在 L^α 上是一个等距算子, 且 $zH^\alpha \subsetneqq H^\alpha$, 于是

$$\varphi z H^\alpha \subsetneqq \varphi H^\alpha,$$

意味着,

$$zW = \varphi z H^\alpha \subsetneqq \varphi H^\alpha = W.$$

第 7 章　向量值广义哈代空间中 Beurling 不变子空间理论

7.1　预 备 知 识

1949 年, Beurling [49] 证明了希尔伯特空间中关于单侧移位算子的不变子空间定理. 1960 年, Helson 等 [50] 将 Beurling 的结果推广到了双边移位算子. 这种关于不变子空间结构的刻画与单位圆盘上关于测度的复分析理论紧密相连. 在单位圆周 $\mathbb{T}$ 上, 令 $\{z^n : n \in \mathbb{Z}\}$ 表示 L^2 空间中的正规正交基, 令 $\{z^n : n \geqslant 0\}$ 表示哈代空间 H^2 中的正规正交基. 由自变量 z 生成的 L^2 中乘法算子为双边移位算子, 此算子限制在哈代空间 H^2 中为单侧移位算子. 给定 H^2 空间中的闭子空间 W, 如果 $zW \subsetneqq W$, 则称 W 是 H^2 空间中的不变子空间.

向量值解析哈代空间在学习理论 (learning theory) 和图形着色 (image colorization) 等方面都有重要的应用, 可参考文献 [100]~[105]. Rezaei 等 [54] 讨论了向量值哈代空间的不变子空间的 Beurling 型定理, 主要结论如下:

定理 7.1.1[54]　若 M 是 $H^2(\mathbb{D},\mathcal{H})$ 的一个非零移位不变子空间, 则 $\mathcal{H}M \subset M$ 的充分必要条件是存在一个向量值有界解析函数 $\Phi : \mathbb{D} \mapsto w\mathcal{H}$, 且 $\|\Phi(e^{i\theta})\|_E = 1$ 在单位圆周上几乎处处成立, 使得 $M = \Phi H^2(\mathbb{D},\mathcal{H})$.

当 $\mathcal{H}$ 是有限维希尔伯特空间时, 这个结论显然成立. 特别地, 当 $\mathcal{H}$ 为复平面 $\mathbb{C}$ 时, 上述定理为经典哈代空间中的 Beurling 定理. 但当 $\mathcal{H}$ 是无限维时, 文献 [54] 中定理 3.3 的证明失效. 本节在新的规范 gauge 范数的前提下, 讨论向量值广义哈代空间 $H^\alpha(\mathbb{D},\mathcal{H})$ 中的 Beurling 不变子空间理论. 此时, 无论 $\mathcal{H}$ 是有限维还是无限维, Beurling 定理均成立. 在这种情况下, 文献 [54] 中的结论将成为一个特殊情况.

7.2　向量值广义哈代空间

当 $1 \leqslant p < \infty$ 时, $H^p := H^p(\mathbb{D})$ 空间定义为全体全纯函数集合 $f : \mathbb{D} \mapsto \mathbb{C}$ 满足条件

$$\|f\|_{H^p} := \lim_{r\to 1}\left(\frac{1}{2\pi}\int_0^{2\pi}|f(re^{i\theta})|^p d\theta\right)^{\frac{1}{p}} < \infty.$$

当 $p=\infty$ 时, $H^\infty := H^\infty(\mathbb{D})$ 空间定义为全体全纯函数集合 $f:\mathbb{D}\mapsto\mathbb{C}$ 满足条件

$$\|f\|_{H^\infty} := \sup_{0<r<1}\{|f(r\mathrm{e}^{\mathrm{i}t})| : \mathrm{e}^{\mathrm{i}t}\in\mathbb{T}\} < \infty.$$

内函数 $\Phi \in H^2$ 是定义在单位圆盘 $\mathbb{D}$ 上的有界解析函数, 且 Φ 在单位圆周上的径向极限几乎处处为 1.

7.2.1 向量值测度空间上 β 范数的定义与性质

本小节主要研究测度空间上广义规范化 β 范数的定义和性质, 并利用具体实例加以说明.

定义 7.2.1 设 (Ω,μ) 是一个 σ 有限的测度空间, $L^1(\mu)$ 是可分的. 在此空间中, 定义

(1) $L_0^\infty(\mu)$ 为全体有界可测函数 $f:\Omega\mapsto\mathbb{C}$, 满足条件 $\mu(f^{-1}(\mathbb{C}\setminus\{0\}))<\infty$.

(2) β 为定义在 $L_0^\infty(\mu)$ 上的范数, 且满足条件 ① $\beta(f)=\beta(|f|)$; ② $\lim_{\mu(E)\to 0}\beta(\chi_E)=0$; ③ 若 $\beta(f_n)\to 0$, 则对于任意的可测集 E 满足 $\mu(E)<\infty$, 有 $\chi_E f_n\to 0$ 依测度收敛.

(3) $L^\beta(\mu)$ 为 $L_0^\infty(\mu)$ 关于 β 范数的闭包.

定义 7.2.1 无法判断 $L^\beta(\mu)$ 中的元素是否是可测函数. 下面讨论 β 范数的性质与 $L^\beta(\mu)$ 空间的特征.

引理 7.2.1 设 (Ω,μ) 是一个 σ 有限的测度空间, β 为定义在 $L_0^\infty(\mu)$ 上的范数, 则下述结论成立:

(1) 对于任意的 $f,g\in L_0^\infty(\mu)$, 若 $|f|\leqslant|g|$, 则 $\beta(f)\leqslant\beta(g)$.

(2) 若 $f\in L_0^\infty(\mu)$, $w\in L^\infty(\mu)$, 则 $\beta(wf)\leqslant\|w\|_\infty\beta(f)$.

(3) 结论 (2) 中的乘法 $wf=fw$ 对于 $f\in L^\beta(\mu)$, $w\in L^\infty(\mu)$ 依然满足, 从而 $\beta(wf)\leqslant\|w\|_\infty\beta(f)$ 成立, 即 $L^\beta(\mu)$ 是一个 $L^\infty(\mu)$ 双模.

(4) 若 $\{E_n\}$ 是一个可测集列, 满足 $\mu(E_n\cap F)\to 0$, 其中 $\mu(F)<\infty$, 则对于任意的 $f\in L^\beta(\mu)$, $\beta(\chi_{E_n}f)\to 0$.

(5) 若 $\{f_n\}$ 是 $L_0^\infty(\mu)$ 中的一个 β 柯西列, 且 $\chi_E f_n\to 0$ 依测度收敛, 其中 $\mu(E)<\infty$, 则 $\beta(f_n)\to 0$.

(6) 若对于 $g\in L^\beta(\mu)$, $|f|\leqslant|g|$, 则 $f\in L^\beta(\mu)$ 且 $\beta(f)\leqslant\beta(g)$.

(7) 设 $h\in L^\beta(\mu)$, 若函数列 $\{f_n\}$ 满足 $|f_n|\leqslant h$, $n\geqslant 1$, 且 $\chi_E|f_n-f|\to 0$ 依测度收敛, 其中 $E\subset\Omega$, $\mu(E)<\infty$, 则 $f\in L^\beta(\mu)$, 且 $\beta(f_n-f)\to 0$.

(8) $L^\beta(\mu)$ 是一个可分的巴拿赫空间.

证明 (1) 若 $|f|\leqslant|g|$, 则存在两个可测函数 u 与 v 满足 $|u|=|v|=1$, 使得

$f = g(u+v)/2$, 于是

$$\beta(f) \leqslant [\beta(|ug|) + \beta(|vg|)]/2 = \beta(|g|) = \beta(g).$$

(2) 因为 $|wf| \leqslant \|w\|_{\infty}|f|$, 所以由结论 (1) 可知

$$\beta(wf) \leqslant \beta(\|w\|_{\infty}|f|) = \|w\|_{\infty}\beta(|f|) = \|w\|_{\infty}\beta(f).$$

(3) 设映射 $M_w : L_0^{\infty}(\mu) \mapsto L_0^{\infty}(\mu)$ 定义为 $M_w f = wf = fw$, 则 M_w 在 $L_0^{\infty}(\mu)$ 空间中关于 β 范数是有界的. 从而由 Hahn-Banach 延拓定理可知, M_w 可以定义在其完备化的空间 $L^{\beta}(\mu)$ 上. 因此, $L^{\beta}(\mu)$ 是一个 $L^{\infty}(\mu)$ 双模.

(4) 设可测集列 $\{E_n\}$ 满足条件 $\mu(E_n \cap F) \to 0$, 其中 $\mu(F) < \infty$. 对于任意的 $f \in L^{\beta}(\mu)$, 定义 $T_n : L^{\beta}(\mu) \mapsto L^{\beta}(\mu)$ 为 $T_n f = \chi_{E_n} f$, 则易知集合

$$\mathcal{E} = \left\{f \in L^{\beta}(\mu) : \beta(T_n f) \to 0\right\}$$

在 $L^{\beta}(\mu)$ 中是闭的线性子空间. 若 $f \in L_0^{\infty}(\mu)$, 则存在一个可测集 F 满足 $\mu(F) < \infty$, 使得 $f = \chi_F f$, 于是

$$\beta(T_n f) = \beta(\chi_{E_n} f) = \beta(\chi_{E_n}\chi_F f) \leqslant \|f\|_{\infty}\beta(\chi_{E_n \cap F}) \to 0$$

因为 $\mu(E_n \cap F) \to 0$, 所以

$$L^{\beta}(\mu) = L_0^{\infty}(\mu)^{-\beta} \subset \mathcal{E},$$

即 $\beta(\chi_{E_n} f) = \beta(T_n f) \to 0,\ f \in L^{\beta}(\mu)$.

(5) 若 $\{f_n\}$ 是 $L_0^{\infty}(\mu)$ 中的一个 β 柯西列, 则由 $L^{\beta}(\mu)$ 的定义可知, 存在 $f \in L^{\beta}(\mu)$, 使得 $\beta(f_n - f) \to 0$. 选取 M, 使得

$$\sup_{n \geqslant 1} \beta(f_n) < M < \infty.$$

假设 $\mu(F) < \infty$, $\varepsilon > 0$. 由结论 (4) 易知, 存在一个 $\delta > 0$, 使得当 $E \subset F$ 且 $\mu(E) < \delta$ 时, $\beta(\chi_E f) < \varepsilon/4$. 因为 $\beta(f_n - f) \to 0$, 所以存在一个正整数 $N \in \mathbb{N}$, 使得当 $n \geqslant N$ 时, $\beta(f_n - f) < \varepsilon/4$. 于是当 $n \geqslant N$ 且 $E \subset F$ 满足 $\mu(E) < \delta$ 时, 有

$$\beta(\chi_E f_n) \leqslant \beta(\chi_E(f_n - f)) + \beta(\chi_E f) < \varepsilon/4 + \varepsilon/4 = \varepsilon/2.$$

由结论 (5) 的假设可知, 当 $\mu(F) < \infty$ 时, $f_n \chi_F \to 0$ 依测度收敛. 因此, 存在一个正整数 $N_1 > N$, 若 $n \geqslant N_1$,

$$F_n = \left\{x \in F : |f_n(x)| \geqslant \frac{\varepsilon}{4\beta(\chi_F)}\right\},$$

则 $\mu(F_n)<\delta$, 于是

$$\beta(\chi_F f_n)\leqslant\beta(\chi_{F_n}f_n)+\beta\left(\chi_{F\backslash F_n}f_n\right)\leqslant\varepsilon/2+\frac{\varepsilon}{4\beta(\chi_F)}\beta(\chi_F)<\varepsilon.$$

从而对于任意的 $F\subset\Omega$ 满足 $\mu(F)<\infty$, $\chi_F f=0$ 成立. 又由于 μ 是 σ 有限的测度, 应用结论 (4) 可得

$$\beta(f)=\lim\beta(f_n)=0.$$

(6) 设 $g\in L^\beta(\mu)$ 且 $|f|\leqslant|g|$, 那么由结论 (5) 可知, g 是一个可测函数. 于是存在 $w\in L^\infty(\mu)$, 使得 $f=wg\in L^\beta(\mu)$ (应用结论 (2)).

(7) 令 $\varepsilon>0$, 假设结论 (7) 中的条件满足. 因为 μ 是 σ 有限的, 所以在函数列 $\{f_n\}$ 中存在一个子列 $\{f_{n_k}\}$ 几乎处处收敛于 f a.e. (μ), 表明 $|f|\leqslant h$ a.e. (μ). 因此, 由结论 (4) 可知, 存在一个 δ, 使得 $E\subset\Omega$, 当 $\mu(E)<\delta$ 时, $\beta(\chi_E h)<\varepsilon/5$. 应用结论 (6) 可得, 若 $\mu(E)<\delta$, 则

$$\beta(\chi_E f)\leqslant\beta(\chi_E h)<\varepsilon/5,\quad \text{且 } \beta(\chi_E f_n)\leqslant\beta(\chi_E h)<\varepsilon/5,$$

其中, $n\geqslant 1$. 再次应用结论 (4), 存在一个集合 F 满足 $\mu(F)<\infty$, 使得 $\beta((1-\chi_F)h)<\varepsilon/5$, 于是

$$\beta((1-\chi_F)f)<\varepsilon/5,\quad \text{且 } \beta((1-\chi_F)f_n)<\varepsilon/5,$$

其中, $n\geqslant 1$. 但由于 $f_n\chi_F\to f\chi_F$ 依测度收敛, 若

$$E_n=\{\omega\in F:|f_n(\omega)-f(\omega)|\geqslant\varepsilon/5\beta(\chi_F)\},$$

则 $\mu(E_n)\to 0$. 因此, 存在一个正整数 $N\in\mathbb{N}$, 使得当 $n\geqslant N$ 时, $\mu(E_n)<\delta$, 从而

$$\begin{aligned}\beta(f_n-f)\leqslant&\beta(\chi_{E_n}f_n)+\beta(\chi_{E_n}f)\\&+\beta((1-\chi_F)f_n)+\beta((1-\chi_F)f)+\beta(\chi_{F\backslash E_n}(f_n-f))\\<&\varepsilon/5+\varepsilon/5+\varepsilon/5+\varepsilon/5+\frac{\varepsilon}{5\beta(\chi_F)}\beta(\chi_F)\\<&\varepsilon.\end{aligned}$$

(8) 容易验证 $L^\beta(\mu)$ 是一个巴拿赫空间. 令 $\Omega=\bigcup\limits_{n\geqslant 1}\Omega_n$, 其中 $\{\Omega_n\}$ 是一个单调递增的集合列, 满足 $\mu(\Omega_n)<\infty(\,n\geqslant 1)$. $L^1(\mu)$ 是可分的, 故可以找到一列子集 $\{\mathcal{W}_n\}_{n\in\mathbb{N}}$, 使得其在 $\chi_{\Omega_n}\{f\in L^\infty(\mu):|f|\leqslant n\}$ 中关于 $\|\cdot\|_1$ 范数稠密. 应用结论 (7) 可得 $\chi_{\Omega_n}L_0^\infty(\mu)\subset\overline{\mathcal{W}_n}^\beta$. 若令 $\mathcal{W}=\bigcup\limits_{n\geqslant 1}\mathcal{W}_n$, 则

$$\overline{L_0^\infty(\mu)}^\beta=L^\beta(\mu)\subset\overline{\mathcal{W}}^\beta.$$

因此, $L^{\beta}(\mu)$ 是可分的.

注 7.2.1 (1) 容易验证, 常规的 L^p 范数 ($1 \leqslant p < \infty$) 是连续的 $\|\cdot\|_1$ 范数控制的规范范数, 也是形如定义 7.2.1 中的 β 范数. 然而, 这类规范 gauge 范数的集合包含的内容更多, 包含经典的 Orlicz 范数、Lorentz 范数、Marcinkiewicz 范数, 这些范数在巴拿赫空间和应用数学领域都有很重要的应用 (参考文献 [106]~[108]). 同时, 所有这些规范 gauge 范数都是对称的 (symmetric), 即对于每一个可逆的保持测度的映射 σ、函数 f 、$|f|$ 和 $f\circ\sigma$ 的范数是一致的. 当 $\Omega=\{1,\cdots,n\}$, 且 μ 是一个计数测度时, von Neumann[85] 证明了规范的对称范数与作用在全体 $n\times n$ 复矩阵上的酉不变范数之间一一对应.

(2) 当 $\Omega=\mathbb{T}$, μ 是 Haar 测度时, 此类规范 gauge 范数与作用在 II_1 型 von Neumann 因子上的酉不变范数存在一一对应 [86]. 在这种情形下, 如果 $f:\mathbb{T}\mapsto\mathbb{C}$ 是可测的, 则存在唯一的函数 $f^{\star}\geqslant 0$, 使得 $f^{\star}(\mathrm{e}^{2\pi \mathrm{i}t})$ 是非增右连续的单调函数, 且 $f^{\star}=|f|\circ\sigma$, 其中 $\sigma:\mathbb{T}\mapsto\mathbb{T}$ 是一个保持测度的函数 [106]. 函数 $f^{\star}$ 被称为函数 $|f|$ 的非增重排 (nonincreasing rearrangement) 函数. 若 α 是 $L^{\infty}(\mathbb{T})$ 上的对称范数, 则对于任意的 $f\in L^{\infty}(\mathbb{T})$, $\alpha(f)=\alpha(f^{\star})$. 相反, 任何以 $f^{\star}$ 形式定义的范数都对称. 如果将 $f\in L^{\infty}(\mathbb{T})$ 看作是定义在开圆周上的解析函数中的有界函数, 则函数 $|f|$ 的解析性是很自然的. 然而, 函数 $f^{\star}$ 的解析性不能自然而然得到.

(3) 当 $\Omega=[0,\infty)$, μ 是一个勒贝格测度时, 每个可测函数 $f:\Omega\mapsto\mathbb{C}$ 都存在一个非增重排函数 $f^{\star}$, 且对于任意的对称范数 β, $\beta(f)=\beta(f^{\star})$.

(4) 在 $L^{\infty}(\mathbb{T})$ 空间中, 更大的 $\|\cdot\|_1$ 控制的范数集合是在文献 [95] 中出现的旋转对称 (rotationally symmetric) 范数. 这类规范 gauge 范数对于每一个 $\theta\in[0,2\pi]$, 函数 f、$|f|$ 和 f_{θ} 的范数一致, 其中 $f_{\theta}(z)=f\left(\mathrm{e}^{\mathrm{i}\theta}z\right)$. 但这类范数只是 $\|\cdot\|_1$ 控制的规范 gauge 范数集合中的一小部分.

例 7.2.1 下面是与常规 L^p 范数不同的规范 gauge 范数的具体实例.

(1) 设 $\Omega=[0,\infty)$, μ 是一个勒贝格测度. $\psi:[0,\infty)\mapsto[0,\infty)$ 是一个凸的单调递增函数, 满足条件

$$\psi(0)=0=\lim_{t\to 0^{+}}\psi(t)\ ,\ \lim_{t\to+\infty}\psi(t)=\infty.$$

令 Λ_{ψ} 表示作用在 $(0,\infty)$ 上的函数 f 的集合, 且

$$\beta(f)=\int_0^{\infty}f^{\star}(t)\,\psi'(t)\,\mathrm{d}t,$$

则 Λ_{ψ} 被称为 Lorentz 空间, β 范数被称为Lorentz 范数, 它满足定义 7.2.1 中的范数条件.

(2) 作用在 $L^{\infty}(\mathbb{T})$ 上的 Orlicz 范数 α 的例子如下:

$$\alpha(f)=\sup_{0<s<1}\frac{1}{s^{1/2}}\frac{1}{2\pi}\int_{0}^{s}f^{\star}\left(\mathrm{e}^{2\pi\mathrm{i}t}\right)\mathrm{d}t.$$

(3) 设 J_1 是一段以 1 为中心, 长度为 d 的弧长, J_2 是一段以 i 为中心, 长度为 $2d$ 的弧长, 其中 $0<d<\pi/16$. 定义函数

$$h=\frac{1}{3d}\left[\chi_{J_1}+\chi_{J_2}\right],$$

在 $L^{\infty}(\mathbb{T})$ 上定义 α 范数为

$$\alpha(f)=\sup_{\theta\in[0,2\pi]}\int_{\mathbb{T}}|f_{\theta}|\,h\mathrm{d}m,$$

其中, $f_{\theta}(z)=f\left(\mathrm{e}^{\mathrm{i}\theta}z\right)$. 显然, α 是一个连续的旋转不变的范数, 且 $\alpha(1)=1=\alpha(h)$. 然而, 当 $\sigma:\mathbb{T}\mapsto\mathbb{T}$ 定义为 $\sigma(z)=\bar{z}$, 即一个可逆保持测度的映射时, $\alpha(h\circ\sigma)=2/3\neq\alpha(h)$. 故此时的 α 范数不是旋转不变的.

7.2.2 向量值广义哈代空间的刻画

设 X 是一个可分的巴拿赫空间, β 是形如定义 7.2.1 中的范数. 定义

$$L^{\beta}(\mu,X)=\left\{f|f:\Omega\mapsto X\ 可测,\ \|\cdot\|\circ f\in L^{\beta}(\mu)\right\}.$$

若 $f:\Omega\mapsto X$, 则 $|f|:\Omega\mapsto[0,\infty)$ 定义为

$$|f|(\omega)=\|f(\omega)\|,$$

即 $|f|=\|\cdot\|\circ f$. 显然, 如果定义 $\beta(f)=\beta(\|\cdot\|\circ f)$, 则 $L^{\beta}(\mu,X)$ 是一个巴拿赫空间. 同时, 当 $\varphi\in L^{\infty}(\mu)$, $f\in L^{\beta}(\mu,X)$ 时, 定义 φf 为

$$(\varphi f)(\omega)=\varphi(\omega)f(\omega)\in X,$$

则 $L^{\beta}(\mu,X)$ 是一个 $L^{\infty}(\mu)$ 模. 从而由引理 7.2.1 中的结论 (1) 可知

$$\beta(\varphi f)\leqslant\|\varphi\|_{\infty}\beta(f).$$

对于任意的 $f\in L^{\beta}(\mu,X)$,

$$|\chi_E f|=\chi_E|f|,$$

因此容易验证, 当 $f\in L^{\beta}(\mu,X)$ 时, 引理 7.2.1 中的结论 (2)、(4)、(6) 和 (7) 依然成立.

引理 7.2.2 设 β 是形如定义 7.2.1 中的范数, 若 X 是可分的, 则 $L^{\beta}(\mu, X)$ 可分.

证明 文献 [93] 中证明了 $L^{1}(\mu, X)$ 是可分的巴拿赫空间. 应用引理 7.2.1 中结论 (8) 的证明, 可以得出 $L^{\beta}(\mu, X)$ 是可分的.

设 α 是 $L^{\infty}(m)$ 上的连续 $\|\cdot\|_1$ 控制的规范 gauge 范数, 在文献 [78] 的第三部分, 可以看到 H^{α} 是集合 $\{1, z, z^2, \cdots\}$ 关于 α 范数的线性闭包. 显然, H^{α} 是可分的, 且 $H^{\infty} \subset H^{\alpha}$, 从而由引理 7.2.2 可知, $L^{\beta}(\mu, H^{\alpha})$ 是可分的.

下面定义 $L^{\infty}(\mu, H^{\infty})$ 为弱 * 可测的有界函数 $\Phi : \Omega \mapsto H^{\infty}$ 的全体 (等价类), $\|\Phi\|_{\infty}$ 为 $\|\cdot\|_{\infty} \circ \Phi$ 的本性上确界. 显然, $L^{\infty}(\mu, H^{\infty})$ 是巴拿赫代数. 同时, 因为 H^{α} 是一个 H^{∞} 模, 所以可以通过如下方式定义 $L^{\beta}(\mu, H^{\alpha})$ 为 $L^{\infty}(\mu, H^{\infty})$ 模:

$$(\Phi f)(\omega) = \Phi(\omega) f(\omega). \tag{7.1}$$

显然, 由式 (7.1) 可知

$$\beta(\Phi f) \leqslant \|\Phi\|_{\infty} \beta(f).$$

此时, $L^{\infty}(\mu)$ 可以看作是函数 $\Phi \in L^{\infty}(\mu, H^{\infty})$ 满足条件 $\Phi(\omega)$ 几乎处处是常量函数的全体. 由此, $L^{\beta}(\mu, H^{\alpha})$ 是一个 $L^{\infty}(\mu)$ 模.

单侧移位算子 S 作用在空间 $L^{\beta}(\mu, H^{\alpha})$ 上定义为

$$((Sf)(\omega))(z) = z(f(\omega))(z).$$

显然, S 在 $L^{\beta}(\mu, H^{\alpha})$ 上是一个等距算子, 因此 S 是 $L^{\infty}(\mu, H^{\infty})$ 模同态, 即

$$S(\Phi f) = \Phi(Sf)$$

其中, $f \in L^{\beta}(\mu, H^{\alpha})$; $\Phi \in L^{\infty}(\mu, H^{\infty})$.

特别地, 当 $\Omega = \{\omega_0\}$ 是一个单点集时,

$$L^{\beta}(\mu, H^{\alpha}) = H^{\alpha},\ L^{\infty}(\mu) = \mathbb{C},\ L^{\infty}(\mu, H^{\infty}) = H^{\infty}.$$

此时, S 等同于作用在 H^{α} 上的乘法算子 M_z.

7.3 向量值广义 Beurling 不变子空间理论

本节的主要内容是将 H^p 空间与广义哈代空间 H^{α} [78] 中的经典 Beurling 定理进行推广. 一个关键的步骤是引用了文献 [109] 中描述的可测叉积 (measurable cross-sections) 的结论. 可分度量空间 Y 上的子集 A 称为绝对可测的集合, 如果对于 Y 上任意 σ 有限的博雷尔测度 μ, A 关于测度 μ 是可测的集合. 如果每一个博雷尔集的逆像是绝对可测的, 则称定义域为 Y 的函数是绝对可测的.

7.3.1 向量值不变子空间形式的刻画

在文献 [109] 中, Arveson 给出了如下可测叉积的结论.

引理 7.3.1 设 E 是完备的可分度量空间上的一个博雷尔子集, Y 是一个可分度量空间, $\pi : E \mapsto Y$ 是连续的. 则 $\pi(E)$ 是 Y 中绝对可测的子集, 且存在一个绝对可测的函数 $\rho : \pi(E) \mapsto E$, 使得 $(\pi \circ \rho)(y) = y$, 其中 $y \in E$.

利用可测叉积的技巧, 可以将文献 [54] 中的向量值 Beurling 不变子空间定理推广到广义向量值哈代空间中.

定理 7.3.1 设 α 是 $L^\infty(m)$ 上一个连续的 $\|\cdot\|_1$ 范数控制的规范化范数, β 是形如定义 7.2.1 中的范数, 则 $L^\beta(\mu, H^\alpha)$ 中的一个闭子空间 M 是 $L^\infty(\mu)$ 子模, 且满足 $S(M) \subset M$, 当且仅当存在一个函数 $\Phi \in L^\infty(\mu, H^\infty)$, 使得

(1) 对于任意的 $\omega \in \Omega$, $\Phi(\omega) = 0$ 或 $\Phi(\omega)$ 是一个内函数;

(2) $M = \Phi L^\beta(\mu, H^\alpha)$.

证明 假设条件 (1) 和 (2) 成立. 显然, $M = \Phi L^\beta(\mu, H^\alpha)$ 是一个 $L^\infty(\mu)$ 子模, 满足 $S(M) \subset M$. 令 $E = \{\omega \in \Omega : \Phi(\omega) \neq 0\}$, 则 $\chi_E L^\beta(\mu, H^\alpha)$ 是闭子空间. 由 Φ 诱导的乘法算子在 $\chi_E L^\beta(\mu, H^\alpha)$ 等距, 因此 $\Phi L^\beta(\mu, H^\alpha)$ 是闭子空间.

反过来, 设 M 是 $L^\beta(\mu, H^\alpha)$ 中保持单侧移位不变的 $L^\infty(\mu)$ 子模. 因为 $L^\beta(\mu, H^\alpha)$ 可分, 所以 M 可分. 选取 M 中的可数子集 $\mathcal{F}$, 使得 $\mathcal{F}$ 在 M 中稠密, 则 $S(\mathcal{F}) \subset \mathcal{F}$, 且 $\mathcal{F}$ 关于数域 $\mathbb{Q} + i\mathbb{Q}$ 是一个向量空间. 虽然集合 $\mathcal{F}$ 中的元素是等价类, 但讨论过程中仍可选取函数代表 $\mathcal{F}$, 结论依然不变. 于是, 对于任意的 $\omega \in \Omega$, 将 M_ω 定义为 $\{f(\omega) : f \in \mathcal{F}\}$ 在 H^α 中的闭包.

断言: $M = \left\{h \in L^\beta(\mu, H^\alpha) : h(\omega) \in M_\omega \text{ a.e. } (\mu)\right\}$.

事实上, 若 $h \in M$, 则存在一个函数列 $\{f_n\} \subset \mathcal{F}$, 使得

$$\beta(f_n - h) = \beta(\alpha \circ (f_n - h)) \to 0.$$

注意到, μ 是 σ 有限的测度, 故存在一个单调递增的具有有限测度的子列 $\{\Omega_k\}$, 使得 $\Omega = \bigcup \Omega_k$. 因为 $\{\alpha \circ (f_n - h)\}$ 是 $L^\beta(\mu)$ 中的一个序列, 所以由定义 7.2.1 中的条件 (3) 及 μ 是 σ 有限的事实可知, 对于每个 $k \geqslant 1$, $\chi_{\Omega_k} \alpha \circ (f_n - h) \to 0$ 依测度收敛. 进而根据 Cantor 对角化的论述可知, 存在一个子列 $\{\alpha \circ (f_{n_k} - h)\}$ 依测度收敛到 0 a.e. (μ). 于是对于几乎每一个 $\omega \in \Omega$, 都有 $\alpha(f_{n_k}(\omega) - h(\omega)) \to 0$. 因此, $h(\omega) \in M_\omega$ a.e. (μ), 即

$$M \subset \left\{h \in L^\beta(\mu, H^\alpha) : h(\omega) \in M_\omega \text{ a.e. } (\mu)\right\}.$$

反过来, 假设 $h \in L^{\beta}(\mu, H^{\alpha})$ 且 $h(\omega) \in M_{\omega}$ a.e. (μ). 若将函数 h 在零测集上的值定义为 $h(\omega) = 0$, 则对于任意的 $\omega \in \Omega$, 依然可以得到 $h(\omega) \in M_{\omega}$. 令

$$X = H^{\alpha} \times \prod_{n=1}^{\infty} H^{\alpha} \times (0,1) \times \mathbb{N},$$

其上的拓扑为乘积拓扑 (给定 $(0,1)$ 来自 $\mathbb{R}$ 上同胚的度量), 则 X 是一个完备的可分度量空间. 容易验证 X 的子集

$$E = \{(g, g_1, g_2, \cdots, \varepsilon, n) \ : \alpha(g - g_n) \leqslant \varepsilon\}$$

在 X 中是闭的, 故 E 是一个完备的可分度量空间. 在此基础上定义映射

$$\pi : E \mapsto Y = H^{\alpha} \times \prod_{n=1}^{\infty} H^{\alpha} \times (0,1)$$

为

$$\pi(g, g_1, g_2, \cdots, \varepsilon, n) = (g, g_1, g_2, \cdots, \varepsilon).$$

根据引理 7.3.1 可知,

$$\pi(E) = \left\{(g, g_1, g_2, \cdots, \varepsilon) : \exists n \in \mathbb{N}\text{ , 使得}\alpha(g - g_n) \leqslant \varepsilon\right\}$$

是绝对可测的, 并且存在一个绝对可测的叉积 $\rho : \pi(E) \mapsto E$, 使得 $\pi(\rho(y)) = y$, 其中 $y \in \pi(E)$.

设 $\varepsilon > 0$, 因为 μ 是 σ 有限的, 则存在一个函数 $u : \Omega \mapsto \mathbb{R}$, 使得 $0 < u < 1$, $\beta(u) \leqslant \varepsilon$. 换句话说, 如果 Ω 是一列两两不相交的子集 $\{E_n\}$ 的并集, 且 $\mu(E_n) < \infty (\forall n \geqslant 1)$, 则可取

$$u = \varepsilon \sum_{n} \frac{\chi_{E_n}}{2^n (1 + \beta(\chi_{E_n}))}.$$

由 $\mathcal{F}$ 的定义, 选取 $\mathcal{F} = \{f_1, f_2, \cdots\}$, 定义映射 $\Gamma : \Omega \mapsto Y$ 为

$$\Gamma(\omega) = (h(\omega), f_1(\omega), f_2(w), \cdots, u(\omega)).$$

因为

$$h(\omega) \in M_{\omega} = \overline{\{f_1(\omega), f_2(\omega), \cdots\}}^{\alpha},$$

所以 $\Gamma(\Omega) \subset \pi(E)$.

又由于 ρ 是绝对可测的, 于是 $\rho \circ \Gamma$ 可测. 若记

$$(\rho \circ \Gamma)(\omega) = (\Gamma(\omega), n(\omega)),$$

则函数 $n:\Omega\mapsto\mathbb{N}$ 可测, 且对于任意的 $w\in\Omega$, 有

$$\alpha\left(f_{n(\omega)}-h(\omega)\right)\leqslant u(\omega).$$

设

$$G_k=\{\omega\in\Omega:n(\omega)=k\},$$

则 $\{G_k:k\in\mathbb{N}\}$ 是 Ω 的一个可测分割, 且表达式

$$f=\sum_{k=1}^{\infty}\chi_{G_k}f_k$$

定义了一个从 Ω 到 H^α 的可测函数. 此外, 如果 $\omega\in G_k$, 则

$$\alpha(f(\omega)-h(\omega))=\alpha\left(f_{n(\omega)}-h(\omega)\right)\leqslant u(\omega).$$

于是 $\alpha\circ(f-h)\in L^\beta(\mu)$, 从而 $f-h\in L^\beta(\mu,H^\alpha)$. 根据引理 7.2.1 中的结论 (6) 可知

$$\beta(f-h)\leqslant\beta(u)\leqslant\varepsilon.$$

因此, $f=(f-h)+h\in L^\beta(\mu,H^\alpha)$. 根据定理中的条件, 如果 M 是一个 $L^\infty(\mu)$ 模, 则对于任意的 $N\in\mathbb{N}$, $\sum\limits_{k=1}^{N}\chi_{G_k}f_k\in M$, 且 $f-\sum\limits_{k=1}^{N}\chi_{G_k}f_k=\chi_{W_N}f$, 其中 $W_N=\bigcup\limits_{k>N}G_k$. 同时,

$$\alpha((\chi_{W_N}f)(\omega))=\chi_{W_N}(\omega)\alpha(f(\omega))\leqslant(\alpha\circ f)(\omega).$$

注意到, $\alpha\circ f\in L^\beta(\mu)$, $\chi_{W_N}(\omega)\alpha(f(\omega))\to0$ 逐点收敛, 故根据引理 7.2.1 中的结论 (7) (广义控制收敛定理) 可知

$$\beta\left(f-\sum_{k=1}^{N}\chi_{G_k}f_k\right)\to0,$$

从而 $f\in M$. 又因为 M 是闭的, $\varepsilon>0$ 是任意的, 且 $\beta(f-h)\leqslant\varepsilon$, 所以 $h\in M$. 断言得证.

下面证明 $zM_\omega\subset M_\omega$, 其中 $\omega\in\Omega$. 事实上, 注意到 $\mathcal{F}=\{f_1,f_2,\cdots\}$, 且 $S(\mathcal{F})\subset\mathcal{F}$, 故由 z 诱导的乘法算子在 H^α 上是等距可知

$$\begin{aligned}zM_\omega&=z\overline{\{f_1(\omega),f_2(w),\cdots\}}^\alpha\\&=\overline{\{zf_1(\omega),zf_2(\omega),\cdots\}}^\alpha\\&=\overline{\{(Sf_1)(\omega),(Sf_2)(\omega),\cdots\}}^\alpha\end{aligned}$$

$$\subset \overline{\{f_1(\omega), f_2(w), \cdots\}}^{\alpha} = M_{\omega}.$$

因此, 根据文献 [78] 中的广义 Beurling 定理可知, 要么 $M_\omega = 0$, 要么 $M_\omega = \varphi H^\alpha$, 其中 $\varphi \in H^\infty$ 是一个内函数.

设 $\mathcal{I}$ 为 H^∞ 上的一个内函数集合, H^∞ 可以看作是由 H^2 上乘法算子组成的代数, 其中 H^∞ 上的弱 * 拓扑与 H^2 上的弱算子拓扑等价. 内函数的集合关于弱算子拓扑不闭, 但在 H^2 上的强算子拓扑下是闭的, 这是由于 H^∞ 中的内函数恰好对应于 H^∞ 中的等距算子. 虽然弱算子拓扑与强算子拓扑不同, 但是它们生成相同的博雷尔集, 因此集合 $\mathcal{I}$ 在强算子拓扑下是一个完备的可分度量空间, 其上的博雷尔集与弱 * 拓扑中一致.

设

$$\mathcal{X} = \prod_{n=1}^{\infty} H^\alpha \times \prod_{n=1}^{\infty} H^\alpha \times \mathcal{I} \times \prod_{n=1}^{\infty} \mathbb{N},$$

其上存在两种拓扑: 乘积拓扑与强算子拓扑. 令

$$\mathcal{E} = \{(g_1, g_2, \cdots, h_1, h_2, \cdots, \varphi, n_1, n_2, \cdots)\} \subset \mathcal{X}$$

满足 $g_k = \varphi h_k$, $\alpha(\varphi - g_{n_k}) < 1/k$, $1 \leqslant k < \infty$, 则 $\mathcal{E}$ 为完备的可分度量空间 $\mathcal{X}$ 中的闭子集, 故 $\mathcal{E}$ 也是完备的度量空间. 定义 $\pi : \mathcal{X} \to \mathcal{Y} = \prod\limits_{n=1}^{\infty} H^\alpha$ 为

$$\pi(g_1, g_2, \cdots, h_1, h_2, \cdots, \varphi, n_1, n_2, \cdots) = (g_1, g_2, \cdots),$$

于是 $\pi(\mathcal{E})$ 是包含所有元素 $(g_1, g_2, \cdots) \in \mathcal{Y}$ 的集合, 且存在一个内函数

$$\varphi \in \overline{\{g_1, g_2, \cdots\}}^{\alpha},$$

使得 $\{g_1, g_2, \cdots\} \subset \varphi H^\alpha$. 应用引理 7.3.1 可得 $\pi(\mathcal{E})$ 是绝对可测的, 从而存在一个绝对可测的叉积 $\rho : \pi(\mathcal{E}) \mapsto \mathcal{E}$ 满足 $\pi(\rho(y)) = y$, 其中 $y \in \pi(\mathcal{E})$.

注意到 $M_\omega = 0$, 当且仅当对于任意的 $n \geqslant 1$, $f_n(\omega) = 0$, 故

$$A = \{\omega \in \varOmega : M_\omega = 0\} = \bigcap_{n=1}^{\infty} f_n^{-1}(\{0\})$$

是可测的. 令 $B = \varOmega \backslash A$, 如果 $\omega \in B$, 则存在一个内函数 φ , 使得 $M_\omega = \varphi H^\alpha$. 因此, 如果定义映射 $\varGamma : B \mapsto \mathcal{Y}$ 为 $\varGamma(\omega) = (f_1(\omega), f_2(\omega), \cdots)$, 则 $\varGamma(B) \subset \pi(\mathcal{E})$, 从而 $\rho \circ \Gamma : \varOmega \mapsto \mathcal{X}$ 是可测的. 若记

$$(\rho \circ \varGamma)(\omega) = (g_{1\omega}, g_{2\omega}, \cdots, h_{1\omega}, h_{2\omega}, \cdots, \varphi_\omega, n_{1\omega}, n_{2\omega}, \cdots),$$

则当 $\omega \in B$ 时, $\Phi(\omega) = \varphi_\omega$; 当 $\omega \in A$ 时, $\Phi(\omega) = 0$. 此时, $\Phi \in L^\infty(\mu, H^\infty)$ 为定理中所需的函数.

定理得证.

7.3.2 向量值广义 Beurling 不变子空间理论的应用

注 7.3.1 (1) 作为定理 7.3.1 的一个应用, 设 α 是注 7.2.1(1) 中定义的 Orlicz 范数:

$$\alpha(f) = \sup_{0<s<1} \frac{1}{s^{1/2}} \frac{1}{2\pi} \int_0^s f^\star\left(\mathrm{e}^{2\pi \mathrm{i} t}\right) \mathrm{d}t,$$

设 β 是注 7.2.1 中满足 $\psi(x) = \ln(x+1)$ 的 Lorentz 范数:

$$\beta(f) = \int_0^\infty \frac{f^\star(t)}{1+t} \mathrm{d}t,$$

则 $f \in H^\alpha$, 当且仅当存在一个多项式序列 $\{p_n\}$, 使得 $\alpha(f - p_n) \to 0$. 若 $\varphi \in L^\beta(\mu, H^\alpha)$, 则 $\varphi: [0,\infty) \mapsto H^\alpha$ 可测, $|\varphi|(x) = \alpha(\varphi(x))$, 其中 $x \in [0,\infty)$, 且 $\beta(\varphi) = \beta(|\varphi|)$. 这是一个满足定理 7.3.1 结论的复杂空间.

(2) Rezaei 等 [54] 给出了空间 $H^2(\mathbb{T}, \ell^2(\mathbb{N}))$ 上的 Beurling 定理. 由于空间 $H^2(\mathbb{T}, \ell^2(\mathbb{N}))$ 与空间 $\ell^2(\mathbb{N}, H^2(\mathbb{T}))$ 等距同构, 其 Beurling 定理是定理 7.3.1 的一个特例. 此时, 一个很自然的问题: 空间 $L^\beta(\mu, H^\alpha)$ 与空间 $H^\alpha\left(\mathbb{T}, L^\beta(\mu)\right)$ 一定等距同构吗? 事实上, 若

$$\alpha = \beta = \left(\|\cdot\|_2 + \|\cdot\|_4\right)/2,$$

或者若

$$\alpha = \|\cdot\|_2, \quad \beta = \|\cdot\|_4,$$

则这两个空间不是等距同构的. 例如, 考虑

$$f(x,z) = \begin{cases} 1 - z, & x \in E \\ 1 - 2z, & x \in \mathbb{T} \backslash E \end{cases},$$

其中, $\mu = m$, $\Omega = \mathbb{T}$.

因此, 当 $\alpha = \beta$ 不是常规的 L^p 范数, 或者当 α 和 β 是不同的 L^p 范数时, 这个问题的答案都是否定的. 然而, 下面的命题说明: 当 $\alpha = \beta = \|\cdot\|_p$, $1 \leqslant p < \infty$ 时, 这两个空间是相同的.

命题 7.3.1 设 $1 \leqslant p < \infty$, $\alpha = \beta = \|\cdot\|_p$, 则 $L^\beta(\mu, H^\alpha(\mathbb{T}))$ 和 $H^\alpha\left(\mathbb{T}, L^\beta(\mu)\right)$ 是等距同构的.

证明 设 $f = a_0 + a_1 z + \cdots + a_n z^n$, 其中 $a_0, \cdots, a_n \in L^\alpha(\mu)$, 首先假定 $f \in H^\alpha(\mathbb{T}, X)$, 则令 $|f|(z) = \alpha(f(z))$, 且定义 $\beta(f) = \beta(|f|)$. 接下来假定 $f \in L^\beta(\mu, H^\alpha(\mathbb{T}))$, 则

$$f(\omega)(z) = a_0(\omega) + a_1(\omega) z + \cdots + a_n(\omega) z^n.$$

此时, 定义 $\nu : \Omega \to [0, \infty)$ 为 $\nu(\omega) = \alpha(f(\omega))$, 从而 $\beta(f) = \beta(\nu)$, 且

$$\begin{aligned}
\alpha(f)^p &= \alpha(\beta(f(z)))^p \\
&= \int_{\mathbb{T}} \beta(f(z))^p \, \mathrm{d}m(z) \\
&= \int_{\mathbb{T}} \left[\int_{\Omega} |a_0(\omega) + a_1(\omega) z + \cdots + a_n(\omega) z^n|^p \, \mathrm{d}\mu(\omega) \right] \mathrm{d}m(z) \\
&= \int_{\Omega} \left[\int_{\mathbb{T}} |a_0(\omega) + a_1(\omega) z + \cdots + a_n(\omega) z^n|^p \, \mathrm{d}m(z) \right] \mathrm{d}\mu(\omega) \\
&= \int_{\Omega} \nu(\omega)^p \, \mathrm{d}\mu(\omega) \\
&= \beta(f)^p .
\end{aligned}$$

注意到, 函数 f 的全体在空间 $L^\beta(\mu, H^\alpha(\mathbb{T}))$ 和空间 $H^\alpha\left(\mathbb{T}, L^\beta(\mu)\right)$ 中稠密, 因此这两个空间是等距同构的.

第 8 章 非交换广义哈代空间中 Beurling 不变子空间理论

8.1 预备知识

1967 年, Arveson[30] 引入了一般 von Neumann 代数中次对角代数的概念, 次对角代数可以看作是经典 H^∞ 空间的非交换推广. 由此, Arveson 提出了非交换哈代空间理论, 其可以看作是经典算子空间理论、von Neumann 代数理论、非交换算子空间理论与技术的一种非常自然的融合. 随着非交换哈代空间理论的建立, 经典哈代空间中的结论能否推广到非交换情形? 若可以推广, 在非交换情形中所使用的证明与技巧是否有继承性呢? 自此, 非交换哈代空间理论激起了诸如算子代数、量子理论、巴拿赫空间理论等领域学者的广泛兴趣, 促使这一课题成为非交换算子空间理论的热门研究方向 (相关研究成果参考文献 [30]~[46]). 特别地, 2008 年, Blecher 等 [38] 在非交换的 $L^p(\mathcal{M},\tau)$ 空间中证明了非交换的 Beurling 不变子空间定理, 其中 $1\leqslant p\leqslant\infty$. Bekjan 在 2015 年给出了关于 symmetirc 范数意义下的非交换 Beurling 定理 [45].

本节介绍一些关于非交换 L^p 空间的基本概念和符号. 设 $\mathcal{M}$ 是一个具有忠实正规迹态 τ 的有限 von Neumann 代数. 当 $1\leqslant p<\infty$ 时, 定义映射 $\|\cdot\|_p:\mathcal{M}\mapsto[0,\infty)$ 为

$$\|x\|_p=(\tau((x^*x)^{p/2}))^{1/p},\quad x\in\mathcal{M}.$$

可以验证, 这样定义的映射 $\|\cdot\|_p$ 实际上是定义在 $\mathcal{M}$ 上的一个范数, 记为 L^p 范数. 因此, 将 $L^p(\mathcal{M},\tau)$ 记为是 von Neumann 代数 $\mathcal{M}$ 关于 $\|\cdot\|_p$ 的完备化闭包. 另外, 不难验证在 $L^p(\mathcal{M},\tau)$ 上, 存在一个反表示 ρ 满足 $\rho(a)\xi=\xi a$, 其中 $\xi\in L^p(\mathcal{M},\tau)$, $a\in\mathcal{M}$. 因此, 可以假定 $\mathcal{M}$ 作为一个右乘算子作用在每一个 $L^p(\mathcal{M},\tau)(1\leqslant p\leqslant\infty)$ 空间上. 更多关于非交换 L^p 空间的理论和发展, 建议读者阅读文献 [34].

下面给出次对角代数的概念.

定义 8.1.1 设 $(\mathcal{M},\tau)$ 是一个具有忠实正规迹态 τ 的 von Neumann 代数, $\mathcal{A}$ 是 $\mathcal{M}$ 中一个有单位的弱 * 闭子代数. 如果 Φ 是从 $\mathcal{M}$ 到 $\mathcal{D}=\mathcal{A}\cap\mathcal{A}^*$ 上唯一的条件期望 (即一个投影算子), 且满足如下条件:

(1) $\mathcal{A}+\mathcal{A}^*$ 在 $\mathcal{M}$ 中弱 * 稠密;

(2) 对于任意的 $x, y \in \mathcal{A}$, 有 $\Phi(xy) = \Phi(x)\Phi(y)$;

(3) $\tau \circ \Phi = \tau$,

则称 $\mathcal{A}$ 是 $\mathcal{M}$ 中的一个极大次对角代数.

Exel[32] 证明出: 如果 $\mathcal{A}$ 是一个弱 * 闭子代数, τ 满足定义 8.1.1 中的条件 (3), 则在所有满足定义 8.1.1 的条件 (1) 和 (2) 的子代数中, $\mathcal{A}$ (关于 Φ) 是最大的子代数. 因此, 在不加说明的情况下, 第 8 章讨论的次对角代数默认是极大次对角代数. 此时, 有限的极大次对角代数 $\mathcal{A}$ 也被称为 $\mathcal{M}$ 中的 H^∞ 空间. 此外, 对于 $1 \leqslant p < \infty$, H^∞ 在非交换 $L^p(\mathcal{M}, \tau)$ 空间中的闭包记为 H^p,

$$H_0^\infty = \{x \in H^\infty : \Phi(x) = 0\}$$

在非交换 $L^p(\mathcal{M}, \tau)$ 空间中的闭包记为 H_0^p.

作为广义的 $\|\cdot\|_p$ 范数, von Neumann[85] 提出了酉不变范数的概念, 目的是度量矩阵空间. 随后, 酉不变范数被推广并应用到了更广义的情形下 (详细内容请参考文献 [110]~[112]). 此外, 除常规的 $L^p (1 \leqslant p \leqslant \infty)$ 范数外, von Neumann 代数 $\mathcal{M}$ 上还有许多有趣的酉不变范数的例子 (可参阅文献 [45]、[87]、[113] 和 [114] 等).

在第 8 章的内容中, 记 $N_{\mathrm{c}}(\mathcal{M}, \tau)$ 为连续的 $\|\cdot\|_1$ 控制的正规酉不变范数. 如果 $\alpha \in N_{\mathrm{c}}(\mathcal{M}, \tau)$, 且 H^∞ 是 $\mathcal{M}$ 中的一个有限极大次对角代数, 则令 $L^\alpha(\mathcal{M}, \tau)$ 和 H^α 分别表示 $\mathcal{M}$ 和 H^∞ 关于 α 范数的闭包.

2008 年, Fang 与他的合作者在已有的非交换 $L^p(\mathcal{M}, \tau)$ 空间模型基础上, 讨论将酉不变范数与 von Neumann 代数结合, 研究非交换广义 $L^\alpha(\mathcal{M}, \tau)$ 空间, 由此对非交换勒贝格空间的研究开辟一种新方向 [87]. 在这个过程中, 许多非交换 L^p 空间中的经典结论 (如非交换 Hölder 不等式、非交换 L^p 空间的对偶性和自反性) 对酉不变范数与有限因子 $\mathcal{M}$ 依然成立.

受此工作启发, 通过研究有限因子与有限 von Neumann 代数之间的关系, 本节考虑在酉不变范数情形下的非交换广义 L^p 空间与非交换广义 H^p 空间, 并在 $L^\alpha(\mathcal{M}, \tau)$ 中建立非交换 Beurling 不变子空间定理. 需要指出的是, 酉不变范数和常规的 $\|\cdot\|_p$ 范数之间存在着本质的差异, 酉不变范数之间不存在偏序关系, 不能进行大小比较, 故需要寻求不同于传统的证明方法. 具体来说, 新情形下 Beurling 定理的证明是建立在 Blecher 等 [38] 关于 $p = \infty$ 的结论之上, 同时利用不变子空间稠密性的结构得出.

接下来将围绕如下定理展开讨论.

定理 8.1.1 设 $\mathcal{M}$ 是一个具有忠实正规迹态 τ 的有限 von Neumann 代数. 令 H^∞ 表示 $\mathcal{M}$ 中的极大次对角代数, $\mathcal{D} = H^\infty \cap (H^\infty)^*$, α 是定义在 $\mathcal{M}$ 上一个连续的 $\|\cdot\|_1$ 控制的正规酉不变范数. 如果 $\mathcal{W}$ 是 $L^\alpha(\mathcal{M}, \tau)$ 中的一个闭子空间,

则 $\mathcal{W}H^\infty \subseteq \mathcal{W}$, 当且仅当

$$\mathcal{W} = \mathcal{Z} \bigoplus^{\text{col}} \left(\bigoplus_{i\in\mathcal{I}}^{\text{col}} u_i H^\alpha \right),$$

其中, $\mathcal{Z}$ 是 $L^p(\mathcal{M},\tau)$ 中的闭子空间 (当 $p=\infty$ 时, $\mathcal{Z}$ 是弱 * 闭的), 且 $\mathcal{Z} = [\mathcal{Z}H_0^\infty]_p$; u_i 是 $\mathcal{M}\cap\mathcal{K}$ 上的部分等距算子, 满足条件 $u_j^* u_i = 0 (i \neq j)$ 和 $u_i^* u_i \in \mathcal{D}$. 同时, 对于每一个 i, $u_i^*\mathcal{Z} = \{0\}$, 由 $u_i u_i^*$ 生成的左乘算子是从 $\mathcal{K}$ 到 $u_i H^p$ 上的压缩投影; 由 $I - \sum_i u_i u_i^*$ 生成的左乘算子是从 $\mathcal{K}$ 到 $\mathcal{Z}$ 上的压缩投影.

这里,

$$\bigoplus_i^{\text{col}} u_i H^\alpha \ (\text{内直和}) \quad \text{和} \quad \mathcal{Z} = [\mathcal{Z}H_0^\infty]_\alpha$$

分别是 I 型和 II 型的不变子空间 (参考 Blecher 等 [38] 关于不同类型不变子空间的描述).

定理 8.1.2 设 $\mathcal{M}$ 是一个具有忠实正规迹态 τ 的有限 von Neumann 代数. 令 H^∞ 表示 $\mathcal{M}$ 中的极大次对角代数, $\mathcal{D} = H^\infty \cap (H^\infty)^*$, α 是定义在 $\mathcal{M}$ 上的一个连续的 $\|\cdot\|_1$ 控制的正规酉不变范数, 则

$$H^\alpha = H^1 \cap L^\alpha(\mathcal{M},\tau) = \{x \in L^\alpha(\mathcal{M},\tau) : \tau(xy) = 0,\ \ \text{其中}\ y \in H_0^\infty\}.$$

命题 8.1.1 设 $\mathcal{M}$ 是一个具有忠实正规迹态 τ 的有限 von Neumann 代数. 令 H^∞ 表示 $\mathcal{M}$ 中的极大次对角代数, $\mathcal{D} = H^\infty \cap (H^\infty)^*$, α 是定义在 $\mathcal{M}$ 上的一个连续的 $\|\cdot\|_1$ 控制的正规酉不变范数. 如果 $k \in \mathcal{M}$, $k^{-1} \in L^\alpha(\mathcal{M},\tau)$, 则存在酉算子 $w_1, w_2 \in \mathcal{M}$ 和算子 $a_1, a_2 \in H^\infty$, 使得 $k = w_1 a_1 = a_2 w_2$, 且 $a_1^{-1}, a_2^{-1} \in H^\alpha$.

定理 8.1.3 设 $\mathcal{M}$ 是一个具有忠实正规迹态 τ 的有限 von Neumann 代数. 令 H^∞ 表示 $\mathcal{M}$ 中的极大次对角代数, $\mathcal{D} = H^\infty \cap (H^\infty)^*$, α 是定义在 $\mathcal{M}$ 上的一个连续的 $\|\cdot\|_1$ 控制的正规酉不变范数. 如果 $\mathcal{W}$ 是 $L^\alpha(\mathcal{M},\tau)$ 中的一个闭子空间, $\mathcal{N}$ 是 $\mathcal{M}$ 中的一个弱 * 闭的线性子空间, 满足 $\mathcal{W}H^\infty \subseteq \mathcal{W}$ 和 $\mathcal{N}H^\infty \subseteq \mathcal{N}$, 则

(1) $\mathcal{N} = [\mathcal{N}]_\alpha \cap \mathcal{M}$;

(2) $\mathcal{W} \cap \mathcal{M}$ 在 $\mathcal{M}$ 中弱 * 闭;

(3) $\mathcal{W} = [\mathcal{W} \cap \mathcal{M}]_\alpha$;

(4) 如果 $\mathcal{S}$ 是 $\mathcal{M}$ 中的一个子空间, 满足 $\mathcal{S}H^\infty \subseteq \mathcal{S}$, 则

$$[\mathcal{S}]_\alpha = [\overline{\mathcal{S}}^{w*}]_\alpha,$$

其中, $\overline{\mathcal{S}}^{w*}$ 表示 $\mathcal{M}$ 中 $\mathcal{S}$ 的弱 * 闭.

在本节的结尾, 有如下两个推论.

推论 8.1.1 设 $\mathcal{M}$ 是一个具有忠实正规迹态 τ 的有限 von Neumann 代数. 令 H^∞ 表示 $\mathcal{M}$ 中的极大次对角代数, $\mathcal{D}=H^\infty\cap(H^\infty)^*$, α 是定义在 $\mathcal{M}$ 上的一个连续的 $\|\cdot\|_1$ 控制的正规酉不变范数. 如果 $\mathcal{W}$ 是 $L^\alpha(\mathcal{M},\tau)$ 中的闭子空间, 满足 $\mathcal{W}\mathcal{M}\subseteq\mathcal{W}$, 则存在 $\mathcal{M}$ 中的投影 e , 使得 $\mathcal{W}=eL^\alpha(\mathcal{M},\tau)$.

推论 8.1.2 设 $\mathcal{M}$ 是一个具有忠实正规迹态 τ 的有限 von Neumann 代数. 令 H^∞ 表示 $\mathcal{M}$ 中的极大次对角代数, $\mathcal{D}=H^\infty\cap(H^\infty)^*$, α 是定义在 $\mathcal{M}$ 上的一个连续的 $\|\cdot\|_1$ 控制的正规酉不变范数. 假定 $\mathcal{W}$ 是 $L^\alpha(\mathcal{M},\tau)$ 中的闭子空间, 如果 $\mathcal{W}$ 是关于 H^∞ 右不变的子空间, 即 $[\mathcal{W}H^\infty]_\alpha\subsetneqq\mathcal{W}$, 则存在一个酉元 $u\in\mathcal{W}\cap\mathcal{M}$, 使得 $\mathcal{W}=uH^\alpha$.

从推论 8.1.2 可以看出, 如果用 $\mathcal{M}$ 取代 $L^\infty(\mathbb{T},\mu)$, 则经典的 Beurling 定理实际上是非交换 Beurling 定理的一个特殊情况.

8.2 有限 von Neumann 代数 $\mathcal{M}$ 上的酉不变范数及其对偶

8.2.1 酉不变范数 α 的定义与性质

设 $\mathcal{M}$ 是一个具有忠实正规迹态 τ 的有限 von Neumann 代数. 若 $0<p<\infty$, 令 $\|\cdot\|_p$ 表示从 $\mathcal{M}$ 到 $[0,\infty)$ 的映射, 定义为

$$\|x\|_p=(\tau(|x|^p))^{1/p},\quad \forall\, x\in\mathcal{M}.$$

可以验证, 当 $1\leqslant p<\infty$ 时, 映射 $\|\cdot\|_p$ 是一个范数; 当 $0<p<1$ 时, 映射 $\|\cdot\|_p$ 是一个拟范数. 令 $0<p\leqslant\infty$, 相应于 $(\mathcal{M},\tau)$ 的非交换 L^p 空间 $L^p(\mathcal{M},\tau)$ 定义为 $(\mathcal{M},\ \|\cdot\|_p)$ 的完备化. 为了方便, 令 $L^\infty(\mathcal{M},\tau)=\mathcal{M}$, 其范数为算子范数, 即 $\|x\|_\infty=\|x\|$. 更多关于非交换 $L^p(\mathcal{M},\tau)$ 空间的性质与结论, 读者可参阅文献 [34] 和 [41].

本节的内容主要考虑在有限 von Neumann 代数下, 如下两类酉不变范数的非交换 L^p 空间与非交换哈代空间.

定义 8.2.1 令 $N(\mathcal{M},\tau)$ 表示全体范数 $\alpha:\mathcal{M}\mapsto[0,\infty)$ 满足如下条件:

(1) $\alpha(I)=1$, 即 α 是规范化的;

(2) 对一切 $x\in\mathcal{M}$ 和酉算子 $u,v\in\mathcal{M}$, 都有 $\alpha(uxv)=\alpha(x)$, 即 α 是酉不变的;

(3) 对一切 $x\in\mathcal{M}$, $\|x\|_1\leqslant\alpha(x)$, 即 α 是 $\|\cdot\|_1$ 控制的.

此时, 集合 $N(\mathcal{M},\tau)$ 中的范数 α 称为 $\mathcal{M}$ 上正规的 $\|\cdot\|_1$ 控制的正规酉不变范数.

定义 8.2.2 令 $N_{\rm c}(\mathcal{M},\tau)$ 表示全体范数 $\alpha:\mathcal{M}\mapsto[0,\infty)$ 满足如下条件:

(1) $\alpha \in N(\mathcal{M}, \tau)$;

(2) 当 e 是 $\mathcal{M}$ 中任意一个投影时, $\lim\limits_{\tau(e)\to 0} \alpha(e) = 0$ (α 关于迹态 τ 是连续的).

此时, 集合 $N_c(\mathcal{M}, \tau)$ 中的范数 α 称为 $\mathcal{M}$ 上连续的正规的 $\|\cdot\|_1$ 控制的正规酉不变范数.

下面给出酉不变范数的一些实例.

例 8.2.1　设 $1 \leqslant p < \infty$, 则容易验证 $\|\cdot\|_p$ 在集合 $N_c(\mathcal{M}, \tau)$ 中.

例 8.2.2　设 $\mathcal{M}$ 是一个具有忠实正规迹态 τ 的有限 von Neumann 代数, 且 τ 满足弱 Dixmier 性质 [87]. 如果 α 是 $\mathcal{M}$ 上的一个忠实正规的迹态范数, 则根据文献 [87] 中的定理 3.30 可以得出 $\alpha \in N(\mathcal{M}, \tau)$.

例 8.2.3　设 $\mathcal{M}$ 是一个具有忠实正规迹态 τ 的有限 von Neumann 代数, $E(0,1)$ 是 $(0,1)$ 上一个重排后的巴拿赫不变函数空间. 非交换巴拿赫函数空间与范数 $\|\cdot\|_{E(\tau)}$ 构成了关于 $(\mathcal{M}, \tau)$ 的空间 $E(0,1)$(详细内容可参考文献 [113] 和 [114]). 此时, $\mathcal{M}$ 为 $E(\tau)$ 的一个子空间, 容易验证, 限制在 $\mathcal{M}$ 上的范数 $\|\cdot\|_{E(\tau)}$ 属于 $N(\mathcal{M}, \tau)$. 特别地, 如果 E 关于偏序连续, 则限制在 $\mathcal{M}$ 上的范数 $\|\cdot\|_{E(\tau)}$ 属于 $N_c(\mathcal{M}, \tau)$.

例 8.2.4　设 $\mathcal{N}$ 是具有忠实正规迹态 $\tau_{\mathcal{N}}$ 的 II_1 型因子, $\|\cdot\|_{1,\mathcal{N}}$ 和 $\|\cdot\|_{2,\mathcal{N}}$ 分别为 $\mathcal{N}$ 上的 L^1 范数与 L^2 范数. 令 $\mathcal{M} = \mathcal{N} \oplus \mathcal{N}$ 是一个有限 von Neumann 代数, 其上的忠实正规迹态 τ 定义为如下形式:

$$\tau(x \oplus y) = \frac{\tau_{\mathcal{N}}(x) + \tau_{\mathcal{N}}(y)}{2}, \quad \forall\, x \oplus y \in \mathcal{M}.$$

如果 α 是 $\mathcal{M}$ 上的一个范数, 定义为

$$\alpha(x \oplus y) = \frac{\|x\|_{1,\mathcal{N}} + \|y\|_{2,\mathcal{N}}}{2}, \quad \forall\, x \oplus y \in \mathcal{M},$$

则范数 $\alpha \in N_c(\mathcal{M}, \tau)$. 需要说明的是, 此刻定义的范数 α 既不是迹态的 (tracial)(参阅文献 [87] 中的定义 3.7), 也不是重排不变的 (参阅文献 [115] 中的定义 2.1).

下面给出关于酉不变范数的一个引理.

引理 8.2.1　设 $\mathcal{M}$ 是一个具有忠实正规迹态 τ 的有限 von Neumann 代数, α 是定义在 $\mathcal{M}$ 上的一个范数. 如果 α 是酉不变的, 即对于任意的酉元 $u, v \in \mathcal{M}$,

$$\alpha(uxv) = \alpha(x), \quad \forall x \in \mathcal{M},$$

则

$$\alpha(x_1 y x_2) \leqslant \|x_1\| \cdot \|x_2\| \cdot \alpha(y), \quad \forall\, x_1, x_2, y \in \mathcal{M}.$$

特别地, 如果 α 是 $\mathcal{M}$ 上一个正规的酉不变范数, 则

$$\alpha(x) \leqslant \|x\|, \quad \forall\, x \in \mathcal{M}.$$

证明 设 $x \in \mathcal{M}$ 满足条件: $\|x\| = 1$. 如果 $x = v|x|$ 是 x 在 $\mathcal{M}$ 上的极分解, 其中 v 是 $\mathcal{M}$ 中的酉元, $|x|$ 是正元, 则 $u = |x| + i\sqrt{I - |x|^2}$ 是 $\mathcal{M}$ 中的酉元, 且 $|x| = (u + u^*)/2$. 因此,

$$\alpha(xy) = \alpha(|x|y) = \alpha\left(\frac{uy + u^*y}{2}\right) \leqslant \frac{\alpha(uy) + \alpha(u^*y)}{2} = \alpha(y),$$

对于任意的 $x, y \in \mathcal{M}$, 有 $\alpha(xy) \leqslant \|x\|\alpha(y)$. 类似地, 对于任意的 $x, y \in \mathcal{M}$, 可得 $\alpha(yx) \leqslant \|x\|\alpha(y)$.

同理, 如果 α 是 $\mathcal{M}$ 上的正规酉不变范数, 则可得

$$\alpha(x) \leqslant \|x\|\alpha(I) = \|x\|, \quad \forall\, x \in \mathcal{M}.$$

8.2.2 $\mathcal{M}$ 上酉不变范数的对偶范数

对偶范数对于非交换 L^p 空间的研究尤为重要. 在本小节中, 介绍有限 von Neumann 代数上酉不变范数的对偶范数.

引理 8.2.2 设 $\mathcal{M}$ 是一个具有忠实正规迹态 τ 的有限 von Neumann 代数, α 是定义在 $\mathcal{M}$ 上连续的 $\|\cdot\|_1$ 控制的正规酉不变范数 (参考定义 8.2.1). 若定义映射 $\alpha' : \mathcal{M} \to [0, \infty]$ 如下

$$\alpha'(x) = \sup\{|\tau(xy)| : y \in \mathcal{M}, \alpha(y) \leqslant 1\}, \quad \forall\, x \in \mathcal{M},$$

则下列结论成立:

(1) 对于任意的 $x \in \mathcal{M}$, 有 $\|x\|_1 \leqslant \alpha'(x) \leqslant \|x\|$.

(2) α' 是 $\mathcal{M}$ 上的一个范数.

(3) $\alpha' \in N(\mathcal{M}, \tau)$, 即 α' 是一个 $\|\cdot\|_1$ 控制的正规酉不变范数.

(4) 对于任意的 $x, y \in \mathcal{M}$, 有 $|\tau(xy)| \leqslant \alpha(x)\alpha'(y)$.

证明 (1) 设 $x \in \mathcal{M}$, 如果 $y \in \mathcal{M}$ 且 $\alpha(y) \leqslant 1$, 范数 α 是 $\|\cdot\|_1$ 控制的, 故

$$|\tau(xy)| \leqslant \|x\|\|y\|_1 \leqslant \|x\|\alpha(y) \leqslant \|x\|,$$

意味着 $\alpha'(x) \leqslant \|x\|$. 因此, α' 是一个从 $\mathcal{M}$ 到 $[0, \infty)$ 的映射.

下面假设 $x = uh$ 是 x 在 $\mathcal{M}$ 中的极分解, 其中 u 是 $\mathcal{M}$ 中的酉元, h 是 $\mathcal{M}$ 中的正元. 注意到 $\alpha(u^*) = 1$, 于是

$$\alpha'(x) \geqslant |\tau(u^*x)| = \tau(h) = \|x\|_1.$$

因此, 对于任意的 $x \in \mathcal{M}$, 有 $\|x\|_1 \leqslant \alpha'(x)$, 结论 (1) 得证.

(2) 通过简单运算, 可以验证对于任意的 $a \in \mathbb{C}$ 和任意的 $x, x_1, x_2 \in \mathcal{M}$,

$$\alpha'(ax) = |a|\alpha'(x), \quad \alpha'(x_1 + x_2) \leqslant \alpha'(x_1) + \alpha'(x_2).$$

另外, 应用结论 (1), 当 $\alpha'(x) = 0$ 时, 有 $x = 0$. 综上所述, α' 是 $\mathcal{M}$ 上的一个范数.

(3) 根据 α' 的定义, 不难验证 α' 满足定义 7.2.1 中的结论 (1) 和 (2). 另外, 由结论 (1) 可知, α' 同样满足定义 8.2.1 中的结论 (3). 因此, $\alpha' \in N(\mathcal{M}, \tau)$.

(4) 结论 (4) 可直接由 α' 的定义得到.

定义 8.2.3 由引理 8.2.2 定义的范数 α', 称为范数 α 在 $\mathcal{M}$ 上的对偶范数.

基于酉不变范数 α 与其对偶范数 α', 下面建立 von Neumann 代数 $\mathcal{M}$ 上的 L^α 空间和 $L^{\alpha'}$ 空间.

定义 8.2.4 设 $\mathcal{M}$ 是一个具有忠实正规迹态 τ 的有限 von Neumann 代数, α 是定义在 $\mathcal{M}$ 上连续的 $\|\cdot\|_1$ 控制的正规酉不变范数 (参考定义 8.2.1), α' 是 α 在 $\mathcal{M}$ 上的对偶范数 (参考定义 8.2.3). 定义 $L^\alpha(\mathcal{M}, \tau)$ 空间和 $L^{\alpha'}(\mathcal{M}, \tau)$ 空间分别为 $(\mathcal{M}, \alpha)$ 和 $(\mathcal{M}, \alpha')$ 的完备化.

注 8.2.1 令 $1 < p < \infty$, 如果 α 是一个 L^p 范数, 则 α' 是 L^q 范数, 其中 $1/p + 1/q = 1$. 因此 $L^\alpha(\mathcal{M}, \tau)$ 空间和 $L^{\alpha'}(\mathcal{M}, \tau)$ 空间是一般意义下的非交换 $L^p(\mathcal{M}, \tau)$ 空间和 $L^q(\mathcal{M}, \tau)$ 空间.

显然, 当 $1 < p, q < \infty$, 且 $1/p + 1/q = 1$ 时, $L^p(\mathcal{M}, \tau)$ 空间的对偶是 $L^q(\mathcal{M}, \tau)$ 空间. 然而一般情况下, 对于 $\alpha \in N(\mathcal{M}, \tau)$, $L^\alpha(\mathcal{M}, \tau)$ 的对偶空间未必是 $L^{\alpha'}(\mathcal{M}, \tau)$ 空间.

8.3 非交换广义 L^α 空间的对偶

本节借助非交换 $L^1(\mathcal{M}, \tau)$ 空间的子空间, 研究非交换 $L^\alpha(\mathcal{M}, \tau)$ 空间的对偶.

8.3.1 $L^1(\mathcal{M}, \tau)$ 的子空间

定义 8.3.1 设 $\mathcal{M}$ 是一个具有忠实正规迹态 τ 的有限 von Neumann 代数, α 是定义在 $\mathcal{M}$ 上连续的 $\|\cdot\|_1$ 控制的正规酉不变范数 (参考定义 8.2.1), α' 是 α 在 $\mathcal{M}$ 上的对偶范数 (参考定义 8.2.3). 定义映射

$$\overline{\alpha} : L^1(\mathcal{M}, \tau) \mapsto [0, \infty] \quad \text{和} \quad \overline{\alpha'} : L^1(\mathcal{M}, \tau) \mapsto [0, \infty]$$

为如下形式:

$$\overline{\alpha}(x) = \sup\{|\tau(xy)| : y \in \mathcal{M}, \alpha'(y) \leqslant 1\}, \quad \forall\, x \in L^1(\mathcal{M}, \tau),$$

$$\overline{\alpha'}(x) = \sup\{|\tau(xy)| : y \in \mathcal{M}, \alpha(y) \leqslant 1\}, \quad \forall\, x \in L^1(\mathcal{M}, \tau).$$

从而定义:

$$L_{\overline{\alpha}}(\mathcal{M},\tau)=\{x\in L^1(\mathcal{M},\tau):\overline{\alpha}(x)<\infty\}\subseteq L^1(\mathcal{M},\tau),$$

$$L_{\overline{\alpha'}}(\mathcal{M},\tau)=\{x\in L^1(\mathcal{M},\tau):\overline{\alpha'}(x)<\infty\}\subseteq L^1(\mathcal{M},\tau).$$

从定义 8.3.1 可以看出, 映射 $\overline{\alpha}$ 和 $\overline{\alpha'}$ 也是从 $L_{\overline{\alpha}}(\mathcal{M},\tau)$ 和 $L_{\overline{\alpha'}}(\mathcal{M},\tau)$ 到 $[0,\infty)$ 上的映射. 根据 $\overline{\alpha}$ 与 $\overline{\alpha'}$ 的定义及引理 8.2.2 中的结论 (4), 可立即得如下结论.

引理 8.3.1 对于任意的 $x\in\mathcal{M}$, 有

$$\overline{\alpha'}(x)=\alpha'(x),\quad \overline{\alpha}(x)\leqslant\alpha(x).$$

命题 8.3.1 设 $\mathcal{M}$ 是一个具有忠实正规迹态 τ 的有限 von Neumann 代数, α 是定义在 $\mathcal{M}$ 上连续的 $\|\cdot\|_1$ 控制的正规酉不变范数 (参考定义 8.2.1), α' 是 α 在 $\mathcal{M}$ 上的对偶范数 (参考定义 8.2.3). 如果映射

$$\overline{\alpha}:L_{\overline{\alpha}}(\mathcal{M},\tau)\mapsto[0,\infty)\quad 和\quad \overline{\alpha'}:L_{\overline{\alpha'}}(\mathcal{M},\tau)\mapsto[0,\infty)$$

如定义 8.3.1 所描述, 则下列结论成立.

(1) $\overline{\alpha}(I)=1$, $\overline{\alpha'}(I)=1$.

(2) 如果 u 与 v 是 $\mathcal{M}$ 中的酉元, 则

$$\overline{\alpha}(x)=\overline{\alpha}(uxv),\quad \forall\, x\in L_{\overline{\alpha}}(\mathcal{M},\tau),$$

$$\overline{\alpha'}(x)=\overline{\alpha'}(uxv),\quad \forall\, x\in L_{\overline{\alpha'}}(\mathcal{M},\tau).$$

(3) 如果 $x\in L_{\overline{\alpha}}(\mathcal{M},\tau)$, 则 $\|x\|_1\leqslant\overline{\alpha}(x)$.

如果 $x\in L_{\overline{\alpha'}}(\mathcal{M},\tau)$, 则 $\|x\|_1\leqslant\overline{\alpha'}(x)$.

如果 $x\in\mathcal{M}$, 则 $\overline{\alpha}(x)\leqslant\|x\|$, 且 $\overline{\alpha'}(x)\leqslant\|x\|$.

(4) $\overline{\alpha}$ 和 $\overline{\alpha'}$ 分别是 $L_{\overline{\alpha}}(\mathcal{M},\tau)$ 和 $L_{\overline{\alpha'}}(\mathcal{M},\tau)$ 上的范数.

证明 (1) 根据引理 8.2.2 中的结论 (3) 可知, $\alpha\in N(\mathcal{M},\tau)$, $\alpha'\in N(\mathcal{M},\tau)$, 故

$$\overline{\alpha}(I)=\sup\{|\tau(y)|:y\in\mathcal{M},\alpha'(y)\leqslant 1\}=\sup\{||y||_1:y\in\mathcal{M},\alpha'(y)\leqslant 1\}=1.$$

同理可得,

$$\overline{\alpha'}(I)=1.$$

(2) 如果 u 与 v 是 $\mathcal{M}$ 中的酉元, 则对于任意的 $\forall x\in L_{\overline{\alpha}}(\mathcal{M},\tau)$,

$$\begin{aligned}\overline{\alpha}(uxv)&=\sup\{|\tau(uxvy)|:y\in\mathcal{M},\alpha'(y)\leqslant 1\}\\&=\sup\{|\tau(xvyu)|:y\in\mathcal{M},\alpha'(y)\leqslant 1\}\end{aligned}$$

$$
\begin{aligned}
&= \sup\{|\tau(xy_0)| : y \in \mathcal{M}, \alpha'(y_0) = \alpha'(vyu) = \alpha'(y) \leqslant 1\} \\
&= \overline{\alpha}(x),
\end{aligned} \tag{8.1}
$$

式中, 第二个等式是根据定义 8.3.1 得出, 第三个等式是根据 $\alpha' \in N(\mathcal{M}, \tau)$ 得出. 同理, 对于任意的 $x \in L_{\overline{\alpha'}}(\mathcal{M}, \tau)$, 可得

$$\overline{\alpha'}(x) = \overline{\alpha'}(uxv).$$

故结论 (2) 得证.

(3) 设 $x \in L_{\overline{\alpha}}(\mathcal{M}, \tau) \subseteq L^1(\mathcal{M}, \tau)$, 令 $x = uh$ 为 x 在 $L^1(\mathcal{M})$ 中的极分解, 其中 u 是 $\mathcal{M}$ 中的酉元, $h = |x| \in L^1(\mathcal{M})$, 则根据结论 (2) 可知

$$\overline{\alpha}(x) = \overline{\alpha}(uh) = \overline{\alpha}(h) \geqslant |\tau(h)| = \|x\|_1.$$

同理, 对于任意的 $x \in L_{\overline{\alpha'}}(\mathcal{M}, \tau)$, 有

$$\|x\|_1 \leqslant \overline{\alpha'}(x).$$

设 $x \in \mathcal{M}$, 因为 $\alpha' \in N(\mathcal{M}, \tau)$, 所以对于任意的 $y \in \mathcal{M}$ 满足 $\alpha'(y) \leqslant 1$, 有

$$|\tau(xy)| \leqslant \|x\|\|y\|_1 \leqslant \|x\|\alpha'(y) \leqslant \|x\|,$$

从而根据 $\overline{\alpha}$ 的定义可得

$$\overline{\alpha}(x) \leqslant \|x\|.$$

同理, 对于任意的 $x \in \mathcal{M}$, 有

$$\overline{\alpha'}(x) \leqslant \|x\|.$$

(4) 由 $\overline{\alpha}$ 与 $\overline{\alpha'}$ 的定义, 结合结论 (3) 可以验证 $\overline{\alpha}$ 和 $\overline{\alpha'}$ 分别是 $L_{\overline{\alpha}}(\mathcal{M}, \tau)$ 空间和 $L_{\overline{\alpha'}}(\mathcal{M}, \tau)$ 空间上的范数.

为了后续应用方便起见, 给出如下引理.

引理 8.3.2 设 $\mathcal{M}$ 是一个具有忠实正规迹态 τ 的有限 von Neumann 代数, α 是定义在 $\mathcal{M}$ 上连续的 $\|\cdot\|_1$ 控制的正规酉不变范数 (参考定义 8.2.1), α' 是 α 在 $\mathcal{M}$ 上的对偶范数 (参考定义 8.2.3). 如果 $\overline{\alpha}$ 和 $\overline{\alpha'}$ 如定义 8.3.1 中描述, 则下列结论成立.

(1) 对于任意的 $x \in L_{\overline{\alpha}}(\mathcal{M}, \tau)$ 和任意的 $a \in \mathcal{M}$, 有 $\overline{\alpha}(xa) \leqslant \overline{\alpha}(x)\|a\|$.

(2) 对于任意的 $x \in L_{\overline{\alpha'}}(\mathcal{M}, \tau)$ 和任意的 $a \in \mathcal{M}$, 有 $\overline{\alpha'}(xa) \leqslant \overline{\alpha'}(x)\|a\|$.

证明 (1) 根据命题 8.3.1 中的结论 (2) 和结论 (4) 可知, $\overline{\alpha}$ 是 $L_{\overline{\alpha}}(\mathcal{M}, \tau)$ 上的一个范数, 且对于任意的酉元 $u, v \in \mathcal{M}$ 和 $x \in L_{\overline{\alpha}}(\mathcal{M}, \tau)$, 有

$$\overline{\alpha}(x) = \overline{\alpha}(uxv).$$

再结合引理 8.2.1, 可得 $\overline{\alpha}(xa)\leqslant\overline{\alpha}(x)\|a\|$.

(2) 重复结论 (1) 的证明过程, 可以验证相同的结论对于范数 $\overline{\alpha'}$ 成立.

下面的结论揭示了 $L_{\overline{\alpha}}(\mathcal{M},\tau)$ 和 $L_{\overline{\alpha'}}(\mathcal{M},\tau)$ 都是完备的赋范空间.

命题 8.3.2 设 $\mathcal{M}$ 是一个具有忠实正规迹态 τ 的有限 von Neumann 代数, α 是定义在 $\mathcal{M}$ 上连续的 $\|\cdot\|_1$ 控制的正规酉不变范数 (参考定义 8.2.1), α' 是 α 在 $\mathcal{M}$ 上的对偶范数 (参考定义 8.2.3). 如果 $\overline{\alpha}$ 和 $\overline{\alpha'}$ 如定义 8.3.1 中描述, 则关于范数 $\overline{\alpha}$ 和范数 $\overline{\alpha'}$, $L_{\overline{\alpha}}(\mathcal{M},\tau)$ 和 $L_{\overline{\alpha'}}(\mathcal{M},\tau)$ 都是巴拿赫空间.

证明 因为 $L_{\overline{\alpha}}(\mathcal{M},\tau)$ 空间和 $L_{\overline{\alpha'}}(\mathcal{M},\tau)$ 空间的完备性讨论类似, 所以只需证明 $L_{\overline{\alpha}}(\mathcal{M},\tau)$ 是巴拿赫空间即可.

由命题 8.3.1 中的结论 (4) 可知, $L_{\overline{\alpha}}(\mathcal{M},\tau)$ 关于范数 $\overline{\alpha}$ 是一个赋范空间. 要证明空间的完备性, 假设 $\{x_n\}$ 是 $L_{\overline{\alpha}}(\mathcal{M},\tau)$ 中的一个柯西列, 即当 $m,n\to\infty$ 时, 有

$$\alpha(x_n)-\alpha(x_m)\leqslant\alpha(x_n-x_m)\to 0,$$

这就说明 $\{\alpha(x_n)\}$ 是实数集 $\mathbb{R}$ 中的一个柯西列. 注意到实数集 $\mathbb{R}$ 是完备的, 故柯西列 $\{\alpha(x_n)\}$ 收敛, 从而 $\{\alpha(x_n)\}$ 是一个有界序列, 即存在一个实数 $M>0$, 使得对于所有的 $n\in\mathbb{N}$, 有 $\overline{\alpha}(x_n)\leqslant M$. 应用命题 8.3.1 中的结论 (3), 对于任意的 $m,n\geqslant 1$, 有 $\|x_m-x_n\|_1\leqslant\overline{\alpha}(x_m-x_n)$. 又因为 $\{x_n\}$ 是 $L^1(\mathcal{M},\tau)$ 空间中的柯西列, 而 $L^1(\mathcal{M},\tau)$ 空间是完备的, 所以存在唯一的 $x_0\in L^1(\mathcal{M},\tau)$, 使得 $\|x_n-x_0\|_1\to 0$.

下面证明 $x_0\in L_{\overline{\alpha}}(\mathcal{M},\tau)$, 使得当 $n\to\infty$ 时, $\overline{\alpha}(x_n-x_0)\to 0$. 事实上, 令 $y\in\mathcal{M}$ 满足条件 $\alpha'(y)\leqslant 1$, 因为

$$|\tau(x_ny)-\tau(x_0y)|=|\tau((x_n-x_0)y)|\leqslant\|x_n-x_0\|_1\|y\|\to 0,$$

所以

$$|\tau(x_0y)|=\lim_{n\to\infty}|\tau(x_ny)|.$$

根据范数 $\overline{\alpha}$ 的定义可以推出,

$$|\tau(x_0y)|=\lim_{n\to\infty}|\tau(x_ny)|\leqslant\limsup_{n\to\infty}\overline{\alpha}(x_n)\alpha'(y)\leqslant M.$$

于是 $\overline{\alpha}(x_0)\leqslant M$, 由此可知 $x_0\in L_{\overline{\alpha}}(\mathcal{M},\tau)$. 此外, 因为 $\{x_n\}$ 是 $L_{\overline{\alpha}}(\mathcal{M},\tau)$ 中的柯西列, 所以对于一切 $n\geqslant 1$, 有

$$\begin{aligned}|\tau((x_0-x_n)y)|&=\lim_{m\to\infty}|\tau((x_m-x_n)y)|\\&\leqslant\limsup_{m\to\infty}\overline{\alpha}(x_m-x_n)\alpha'(y)\\&\leqslant\limsup_{m\to\infty}\overline{\alpha}(x_m-x_n).\end{aligned}$$

因此对于任意的 $n \geqslant 1$, 有

$$\overline{\alpha}(x_n - x_0) \leqslant \limsup_{m\to\infty} \overline{\alpha}(x_m - x_n).$$

再次利用 $\{x_n\}$ 是 $L_{\overline{\alpha}}(\mathcal{M},\tau)$ 中的柯西列, 可以推出当 $n\to\infty$ 时, $\overline{\alpha}(x_n - x_0)\to 0$. 因此 $L_{\overline{\alpha}}(\mathcal{M},\tau)$ 关于范数 $\overline{\alpha}$ 是一个巴拿赫空间. 结论得证.

8.3.2 非交换广义 Hölder 不等式

本小节的主要内容是证明在 $L^\alpha(\mathcal{M},\tau)$ 空间中的 Hölder 不等式, 其中 α 是连续的 $\|\cdot\|_1$ 控制的正规酉不变范数.

引理 8.3.3 设 $\mathcal{M}$ 是一个具有忠实正规迹态 τ 的有限 von Neumann 代数. 如果 $\varPhi$ 是 $\mathcal{M}$ 上的一个线性泛函, 则下列结论等价:

(1) $\varPhi$ 是正规的;

(2) 对于 $\mathcal{M}$ 中的任意正交集族 $\{e_i\}_{i\in I}$,

$$\varPhi\left(\sum_{i\in I} e_i\right) = \sum_{i\in I}\varPhi(e_i).$$

引理的证明可参考文献 [116].

当 α 是连续范数时, 下面的结论反映了 $L^\alpha(\mathcal{M},\tau)$ 的对偶空间是 $L_{\overline{\alpha'}}(\mathcal{M},\tau)$.

命题 8.3.3 设 $\mathcal{M}$ 是一个具有忠实正规迹态 τ 的有限 von Neumann 代数, α 是定义在 $\mathcal{M}$ 上连续的 $\|\cdot\|_1$ 控制的正规酉不变范数 (参考定义 8.2.1). 如果 $L_{\overline{\alpha'}}(\mathcal{M},\tau)$ 如定义 8.3.1 描述, 则对于任意的有界线性泛函 $\varPhi\in(L^\alpha(\mathcal{M},\tau))^\sharp$, 存在 $\xi\in L_{\overline{\alpha'}}(\mathcal{M},\tau)$, 使得 $\overline{\alpha'}(\xi)=\|\varPhi\|$, 且 $\forall x\in\mathcal{M}$, $\varPhi(x)=\tau(x\xi)$.

证明 设 $\alpha\in N_c(\mathcal{M},\tau)$, $\varPhi\in(L^\alpha(\mathcal{M},\tau))^\sharp$, 令 $\{e_n\}$ 是 $\mathcal{M}$ 中的一族正交投影. 容易验证, 当 $N\to\infty$ 时, $\sum\limits_{n=N}^{\infty} e_n$ 依强算子拓扑收敛于 0. 由于 τ 是正规的, 应用引理 8.3.3 可得 $\lim\limits_{N\to\infty}\tau\left(\sum\limits_{n=N}^{\infty} e_n\right)\to 0$. 注意到 $\alpha\in N_{\rm c}(\mathcal{M},\tau)$, 故根据 α 关于 τ 的连续性可以推出, $\lim\limits_{N\to\infty}\alpha\left(\sum\limits_{n=N}^{\infty} e_n\right)\to 0$. 因此, 当 $\varPhi\in(L^\alpha(\mathcal{M},\tau))^\sharp$ 时, 有

$$\lim_{N\to\infty}\varPhi\left(\sum_{n=1}^{\infty} e_n - \sum_{n=1}^{N-1} e_n\right) = \lim_{N\to\infty}\varPhi\left(\sum_{n=N}^{\infty} e_n\right) = 0.$$

再次应用引理 8.3.3, $\varPhi$ 是 $\mathcal{M}$ 上的一个正规泛函, 于是 $\varPhi$ 属于 von Neumann 代数 $\mathcal{M}$ 的前对偶, 即存在 $\xi\in L^1(\mathcal{M},\tau)$, 使得对于任意的 $x\in\mathcal{M}$, 有 $\varPhi(x)=\tau(x\xi)$. 此外, $\mathcal{M}$ 在 $L^\alpha(\mathcal{M},\tau)$ 中稠密, 故

$$\begin{aligned}\|\Phi\| &= \sup\{|\Phi(x)| : x \in \mathcal{M}, \alpha(x) \leqslant 1|\} \\ &= \sup\{|\tau(x\xi)| : x \in \mathcal{M}, \alpha(x) \leqslant 1\} \\ &= \overline{\alpha'}(\xi),\end{aligned}$$

这就表明 $\xi \in L_{\overline{\alpha'}}(\mathcal{M},\tau)$. 结论得证.

对于作用在一个希尔伯特空间 $\mathcal{H}$ 上的有限 von Neumann 代数 $\mathcal{M}$ 而言, $\mathcal{H}$ 上闭稠定的 (有可能是无界的) 算子集合构成了一个拓扑 * 代数, 这里的拓扑实际上是非交换意义下的依测度收敛拓扑 (更多内容可参考文献 [117]). 此时, 这样的代数全体用符号 $\widetilde{\mathcal{M}}$ 表示, 它是 $\mathcal{M}$ 在依测度收敛拓扑下的闭包. 用符号 $\widetilde{\mathcal{M}}_+$ 表示 $\widetilde{\mathcal{M}}$ 中正算子的全体, 则迹态

$$\tau : \mathcal{M}_+ \mapsto [0,\infty)$$

可以被延拓到如下情形:

$$\widetilde{\tau} : \widetilde{\mathcal{M}}_+ \mapsto [0,\infty].$$

对于非交换积分理论更一般的结果, 读者可参考文献 [117]~[119] 中的描述.

下面将 $\widetilde{\mathcal{M}}_+$ 上的广义迹态的性质总结如下.

引理 8.3.4 设 $\mathcal{M}$ 是作用在希尔伯特空间 $\mathcal{H}$ 上的有限 von Neumann 代数, 其上的忠实正规迹态为 τ. 设 $\widetilde{\mathcal{M}}$ 是附着在 $\mathcal{M}$ 上的闭稠定算子的全体, $\widetilde{\mathcal{M}}_+$ 是 $\widetilde{\mathcal{M}}$ 中正算子的全体. 如果 $a \in \widetilde{\mathcal{M}}_+$, 则存在 $\mathcal{M}$ 中的一族投影 $\{e_\lambda\}_{\lambda>0}$ (算子 a 的谱预解集), 使得

(1) $e_\lambda \to I$ 单调递增;

(2) 对于一切 $0<\lambda<\infty$, $e_\lambda a = a e_\lambda \in \mathcal{M}$;

(3) $\widetilde{\tau}(a) = \sup_{\lambda>0} \tau(e_\lambda a)$ ($\widetilde{\tau}(a)$ 有可能是无限的);

(4) 如果 $a \in L^1(\mathcal{M},\tau)$, 则 $\|e_\lambda a - a\|_1 \to 0$.

特别地, 如果 $x \in \widetilde{\mathcal{M}}$, 则 $x \in L^1(\mathcal{M},\tau)$, 当且仅当 $\widetilde{\tau}(|x|) < \infty$.

引理 8.3.4 的结论在算子代数领域是众所周知的, 若需要更多的细节, 读者可参考文献 [119] 或文献 [120] 中 1.1 节的内容. 在不引起混淆的前提下, 仍然使用符号 τ 表示 $\widetilde{\mathcal{M}}_+$ 上的广义迹态 $\widetilde{\tau}$.

同时, 由引理 8.3.4 可立即推得如下结论.

推论 8.3.1 设 $\mathcal{M}$ 是一个具有忠实正规迹态 τ 的有限 von Neumann 代数, 作用在给定的希尔伯特空间 $\mathcal{H}$ 上. 设 α 是定义在 $\mathcal{M}$ 上连续的 $\|\cdot\|_1$ 控制的正规酉不变范数 (参考定义 8.2.1), α' 是 α 在 $\mathcal{M}$ 上的对偶范数 (参考定义 8.2.3). 如果 $\overline{\alpha}$ 和 $\overline{\alpha'}$ 如定义 8.3.1 中描述, 则对于任意的 $x \in \mathcal{M}$,

$$\alpha(x) = \overline{\alpha}(x), \qquad \alpha'(x) = \overline{\alpha'}(x).$$

证明 显然, 由引理 8.3.1 可知, 对于任意的 $x \in \mathcal{M}$, $\alpha'(x) = \overline{\alpha'}(x)$, 且 $\overline{\alpha}(x) \leqslant \alpha(x)$. 接下来证明反方向 $\overline{\alpha}(x) \geqslant \alpha(x)(x \in \mathcal{M})$.

设 $x \in \mathcal{M}$ 满足 $\alpha(x) = 1$, 依据 Hahn-Banach 延拓定理, 存在一个连续的线性泛函 $\Phi \in (L^\alpha(\mathcal{M}, \tau))^\sharp$, 使得 $\Phi(x) = \alpha(x) = 1$, 且 $\|\Phi\| = 1$. 因为 $\Phi \in (L^\alpha(\mathcal{M}, \tau))^\sharp$, 所以由命题 8.3.3 可知, 存在 $\xi \in L_{\overline{\alpha'}}(\mathcal{M}, \tau)$, 使得 $\Phi(x) = |\tau(x\xi)| = 1$, 且 $\overline{\alpha'}(\xi) = \|\Phi\| = 1$.

令 $\xi = uh$ 表示 ξ 在 $L_{\overline{\alpha'}}(\mathcal{M}, \tau)$ 中的极分解, 其中 $u \in \mathcal{M}$ 是一个酉元, $h \in L_{\overline{\alpha'}}(\mathcal{M}, \tau) \subseteq L^1(\mathcal{M})$ 是正元. 由引理 8.3.4 可知, 存在 $\mathcal{M}$ 中的一个投影集族 $\{e_\lambda\}_{\lambda>0}$, 使得

$$\|h - he_\lambda\|_1 \to 0, \tag{8.2}$$

且

$$e_\lambda h = he_\lambda \in \mathcal{M}, \quad \forall 0 < \lambda < \infty,$$

于是 $uhe_\lambda \in \mathcal{M}$. 由引理 8.3.1 与引理 8.3.2 可知,

$$\alpha'(uhe_\lambda) = \overline{\alpha'}(uhe_\lambda) \leqslant \overline{\alpha'}(uh)\|e_\lambda\| \leqslant \overline{\alpha'}(uh) = \overline{\alpha'}(\xi) = 1. \tag{8.3}$$

因此, 应用式 (8.2) 与式 (8.3) 得

$$\begin{aligned} |\tau(x\xi)| &= |\tau(xuh)| \\ &= \lim_{\lambda \to \infty} |\tau(xuhe_\lambda)| \\ &\leqslant \sup\{|\tau(xy)| : y \in \mathcal{M}, \alpha'(y) \leqslant 1\}. \end{aligned}$$

根据 $\overline{\alpha}$ 的定义, 对于任意的 $x \in \mathcal{M}$,

$$\overline{\alpha}(x) = \sup\{|\tau(xy)| : y \in \mathcal{M}, \alpha'(y) \leqslant 1\} \geqslant |\tau(x\xi)| = 1 = \alpha(x).$$

结论得证.

直接应用推论 8.3.1, 可得如下结论.

命题 8.3.4 设 $\mathcal{M}$ 是一个具有忠实正规迹态 τ 的有限 von Neumann 代数, 作用在给定的希尔伯特空间 $\mathcal{H}$ 上. 设 α 是定义在 $\mathcal{M}$ 上连续的 $\|\cdot\|_1$ 控制的正规酉不变范数 (参考定义 8.2.1), α' 是 α 在 $\mathcal{M}$ 上的对偶范数 (参考定义 8.2.3). 如果 $\overline{\alpha}$ 和 $\overline{\alpha'}$ 如定义 8.3.1 中描述, 则存在等距嵌入映射

$$L^\alpha(\mathcal{M}, \tau) \mapsto L_{\overline{\alpha}}(\mathcal{M}, \tau) \quad 和 \quad L^{\alpha'}(\mathcal{M}, \tau) \mapsto L_{\overline{\alpha'}}(\mathcal{M}, \tau),$$

使得对于任意的 $x \in \mathcal{M}$, 有

$$x \mapsto x \quad 和 \quad x \mapsto x.$$

因此, $L^\alpha(\mathcal{M},\tau)$ 和 $L^{\alpha'}(\mathcal{M},\tau)$ 分别是 $L_{\overline{\alpha}}(\mathcal{M},\tau)$ 和 $L_{\overline{\alpha'}}(\mathcal{M},\tau)$ 的巴拿赫子空间.

下面的定理给出了非交换广义 L^α 空间中的 Hölder 不等式.

定理 8.3.1 设 $\mathcal{M}$ 是一个具有忠实正规迹态 τ 的有限 von Neumann 代数, 作用在给定的希尔伯特空间 $\mathcal{H}$ 上. 设 α 是定义在 $\mathcal{M}$ 上连续的 $\|\cdot\|_1$ 控制的正规酉不变范数 (参考定义 8.2.1), α' 是 α 在 $\mathcal{M}$ 上的对偶范数 (参考定义 8.2.3), $L_{\overline{\alpha}}(\mathcal{M},\tau)$ 和 $L_{\overline{\alpha'}}(\mathcal{M},\tau)$ 如定义 8.3.1 中描述. 如果 $x\in L_{\overline{\alpha}}(\mathcal{M},\tau)$, $y\in L_{\overline{\alpha'}}(\mathcal{M},\tau)$, 则 $xy\in L^1(\mathcal{M},\tau)$, 且 $\|xy\|_1\leqslant\overline{\alpha}(x)\overline{\alpha'}(y)$.

特别地, 如果 $x\in L^\alpha(\mathcal{M},\tau)$, $y\in L_{\overline{\alpha'}}(\mathcal{M},\tau)$, 则 $xy\in L^1(\mathcal{M},\tau)$, 且

$$\|xy\|_1\leqslant\alpha(x)\overline{\alpha'}(y).$$

证明 设 $x\in L_{\overline{\alpha}}(\mathcal{M},\tau)\subseteq L^1(\mathcal{M},\tau)$, $y\in L_{\overline{\alpha'}}(\mathcal{M},\tau)\subseteq L^1(\mathcal{M},\tau)$, 则 $xy\in\widetilde{\mathcal{M}}$, 其中 $\widetilde{\mathcal{M}}$ 是附着在 $\mathcal{M}$ 上的闭稠定算子的全体. 令 $xy=uh$ 表示 xy 在 $\widetilde{\mathcal{M}}$ 中的极分解, 其中 $u\in\mathcal{M}$ 是酉元, $h=|xy|\in\widetilde{\mathcal{M}}_+$. 根据引理 8.3.4 可知, 存在 $\mathcal{M}$ 中的一个单调递增投影集族 $\{e_\lambda\}_{\lambda>0}$, 使得对于一切的 $\lambda>0$, 有 $e_\lambda h=he_\lambda\in\mathcal{M}$, 且 $\tau(h)=\sup_{\lambda>0}\tau(e_\lambda h)$. 下面证明 $\tau(h)\leqslant\overline{\alpha}(x)\overline{\alpha'}(y)$.

反证法, 假设

$$\tau(h)=\sup_{\lambda>0}\tau(e_\lambda h)>\overline{\alpha}(x)\overline{\alpha'}(y),$$

则存在一个投影 $e\in\mathcal{M}$ 和 $\varepsilon>0$, 使得 $eh\in\mathcal{M}$, 且

$$\tau(eh)>\overline{\alpha}(x)\overline{\alpha'}(y)+\varepsilon.$$

注意到, $eh=eu^*xy$, 令 $eu^*x=h_2u_2$, 其中 $u_2^*h_2$ 是 x^*ue 在 $\widetilde{\mathcal{M}}$ 中的极分解, 这里 $u_2\in\mathcal{M}$ 是酉元, $h_2\in\widetilde{\mathcal{M}}_+$. 根据引理 8.3.4, 选取 $\mathcal{M}$ 中的单调递增投影集族 $\{f_\lambda\}_{\lambda>0}$, 使得

(1) $f_\lambda\to I$ 依强算子拓扑收敛;

(2) $f_\lambda h_2=h_2f_\lambda\in\mathcal{M}$;

(3)$\tau(eu^*xu_2^*)=\tau(h_2)=\sup_\lambda\tau(f_\lambda h_2)$.

由结论 (2) 可知, 对于任意的 $\lambda>0$, $f_\lambda h_2u_2\in\mathcal{M}$. 于是当 $\lambda>0$ 时,

$$\begin{aligned}
|\tau(f_\lambda eh)|&=|\tau(f_\lambda eu^*xy)|=|\tau(f_\lambda h_2u_2y)|\\
&\leqslant\alpha(f_\lambda h_2u_2)\overline{\alpha}'(y) &&(\text{范数 }\overline{\alpha'}\text{ 的定义})\\
&=\overline{\alpha}(f_\lambda h_2u_2)\overline{\alpha}'(y) &&(\text{推论 8.3.1})\\
&\leqslant\|f_\lambda\|\overline{\alpha}(h_2u_2)\overline{\alpha'}(y) &&(\text{引理 8.3.2})\\
&\leqslant\overline{\alpha}(h_2)\overline{\alpha'}(y) &&(\text{范数 }\overline{\alpha}\text{ 的定义})
\end{aligned}$$

$$
\begin{aligned}
&= \overline{\alpha}(eu^*xu_2^*)\overline{\alpha'}(y) \\
&\leqslant \|e\|\overline{\alpha}(u^*xu_2^*)\overline{\alpha'}(y) \qquad\qquad (\text{引理 } 8.3.2) \\
&\leqslant \overline{\alpha}(x)\overline{\alpha'}(y) \qquad\qquad (\text{范数 } \overline{\alpha} \text{ 的定义})
\end{aligned}
$$

同时, 投影算子序列 $\{f_\lambda\}$ 在 $\mathcal{M}$ 中单调递增, 依强算子拓扑收敛到 I, 且 $eh \in \mathcal{M}$, 因此 $f_\lambda eh \to eh$ 依强算子拓扑收敛. 注意到 τ 是正规的, 即 τ 关于强算子拓扑在 $\mathcal{M}$ 的有界子集上是连续的, 从而

$$
\tau(eh) = |\tau(eh)| = \lim_{\lambda} |\tau(f_\lambda eh)| \leqslant \overline{\alpha}(x)\overline{\alpha'}(y),
$$

这与假设矛盾. 因此,

$$
\|xy\|_1 = \tau(|xy|) = \tau(h) \leqslant \overline{\alpha}(x)\overline{\alpha'}(y),
$$

且 $xy \in L^1(\mathcal{M})$. 特别地, 如果 $x \in L^\alpha(\mathcal{M},\tau)$, $y \in L_{\overline{\alpha'}}(\mathcal{M},\tau)$, 则根据命题 8.3.4 可知, $\alpha(x) = \overline{\alpha}(x)$. 因此, $\|xy\|_1 \leqslant \alpha(x)\overline{\alpha'}(y)$.

8.3.3 $L^\alpha(\mathcal{M},\tau)$ 的对偶空间

本小节中, 当 α 是定义在 $\mathcal{M}$ 上连续的 $\|\cdot\|_1$ 控制的正规酉不变范数时, 非交换广义 $L^\alpha(\mathcal{M},\tau)$ 空间的对偶, 可借助非交换 Hölder 不等式给出.

定理 8.3.2 设 $\mathcal{M}$ 是一个具有忠实正规迹态 τ 的有限 von Neumann 代数, α 是定义在 $\mathcal{M}$ 上连续的 $\|\cdot\|_1$ 控制的正规酉不变范数 (参考定义 8.2.1), α' 是 α 在 $\mathcal{M}$ 上的对偶范数 (参考定义 8.2.3). 如果 $L_{\overline{\alpha'}}(\mathcal{M},\tau)$ 如定义 8.3.1 中描述, 则

$$
(L^\alpha(\mathcal{M},\tau))^\sharp = L_{\overline{\alpha'}}(\mathcal{M},\tau),
$$

即

(1) 对于任意的 $\Phi \in (L^\alpha(\mathcal{M},\tau))^\sharp$, 存在 $\xi \in L_{\overline{\alpha'}}(\mathcal{M},\tau)$, 使得 $\overline{\alpha'}(\xi) = \|\Phi\|$, 且 $\Phi(x) = \tau(x\xi)$, 其中 $x \in L^\alpha(\mathcal{M},\tau))$.

(2) 对于任意的 $\xi \in L_{\overline{\alpha'}}(\mathcal{M},\tau)$, 如果映射 $\Phi : L^\alpha(\mathcal{M},\tau) \mapsto \mathbb{C}$ 定义为

$$
\Phi(x) = \tau(x\xi),
$$

其中, $x \in L^\alpha(\mathcal{M},\tau)$, 则 $\Phi \in (L^\alpha(\mathcal{M},\tau))^\sharp$. 同时, $\|\Phi\| = \overline{\alpha'}(\xi)$.

证明 (1) 设 $\Phi \in (L^\alpha(\mathcal{M},\tau))^\sharp$, 则依据命题 8.3.3 可知, 存在 $\xi \in L_{\overline{\alpha'}}(\mathcal{M},\tau)$, 使得 $\overline{\alpha'}(\xi) = \|\Phi\|$, 且 $\Phi(y) = \tau(y\xi)$, 其中 $y \in \mathcal{M}$. 因此要完成证明, 只需证明对任意的 $x \in L^\alpha(\mathcal{M},\tau)$, 有 $\Phi(x) = \tau(x\xi)$.

事实上, 如果 $x \in L^\alpha(\mathcal{M},\tau)$, 则存在 $\mathcal{M}$ 中的一个序列 $\{x_n\}$, 使得 $\alpha(x_n-x) \to 0$. 注意到 $\Phi \in (L^\alpha(\mathcal{M},\tau))^\sharp$, 于是 $\Phi(x_n - x) \to 0$. 根据广义 Hölder 不等式 (定理 8.3.1) 可得

$$|\tau(x_n\xi) - \tau(x\xi)| = |\tau((x_n - x)\xi)| \leqslant \alpha(x_n - x)\overline{\alpha'}(\xi) \to 0.$$

因此,

$$\tau(x\xi) = \lim_{n\to\infty} \tau(x_n\xi) = \lim_{n\to\infty} \Phi(x_n) = \Phi(x).$$

(2) 根据定义 8.3.1 中 $\overline{\alpha'}$ 的描述, 结合 $\mathcal{M}$ 在 $L^\alpha(\mathcal{M},\tau)$ 中稠密, 可得

$$\begin{aligned}\|\Phi\| &= \sup\{|\Phi(x)| : x \in \mathcal{M}, \alpha(x) \leqslant 1\}\\ &= \sup\{|\tau(x\xi)| : x \in \mathcal{M}, \alpha(x) \leqslant 1\}\\ &= \overline{\alpha'}(\xi) < \infty,\end{aligned}$$

这就表明 $\Phi \in (L^\alpha(\mathcal{M},\tau))^\sharp$. 证毕.

8.4 非交换广义哈代空间 H^α

设 $\mathcal{M}$ 是一个具有忠实正规迹态 τ 的有限 von Neumann 代数. 令 $\mathcal{D}$ 是 $\mathcal{M}$ 的一个 von Neumann 子代数, 映射 $\Phi : \mathcal{M} \mapsto \mathcal{D}$ 是一个保持单位的正线性映射, 且对于任意的 $x_1, x_2 \in \mathcal{D}$ 和 $y \in \mathcal{M}$, $\Phi(x_1yx_2) = x_1\Phi(y)x_2$. 对于一个具有忠实正规迹态 τ 的有限 von Neumann 代数 $\mathcal{M}$ 和子代数 $\mathcal{D}$ 而言, 存在唯一的忠实正规的条件期望 $\Phi : \mathcal{M} \mapsto \mathcal{D}$, 使得 $\tau \circ \Phi = \tau$. 同时, 由此定义的条件期望 $\Phi : \mathcal{M} \mapsto \mathcal{D}$ 可以延拓到 $L^1(\mathcal{M},\tau)$ 上的一个压缩映射 $\Phi : L^1(\mathcal{M},\tau) \mapsto L^1(\mathcal{D},\tau)$ 满足 $\tau(y) = \tau(\Phi(y))$, 其中 $y \in L^1(\mathcal{M},\tau)$ (更详细的介绍可参考文献 [36] 中的命题 3.9).

8.4.1 Arveson 意义下的非交换哈代空间

在 8.1 节中, 给出了 von Neumann 代数 $\mathcal{M}$ 中次对角代数的概念. 为了后续应用方便, 在此回顾一下.

设 $\mathcal{M}$ 是一个具有忠实正规迹态 τ 的有限 von Neumann 代数, $\mathcal{A}$ 是 $\mathcal{M}$ 上一个有单位的弱 * 闭子代数, Φ 是从 $\mathcal{M}$ 到子代数 $\mathcal{D} = \mathcal{A} \cap \mathcal{A}^*$ 上的忠实正规条件期望. $\mathcal{A}$ 称为 $\mathcal{M}$ 关于 $\mathcal{D}$(或者 Φ) 的有限极大次对角代数, 如果

(1) $\mathcal{A} + \mathcal{A}^*$ 在 $\mathcal{M}$ 中弱 * 稠密;

(2) $\Phi(xy) = \Phi(x)\Phi(y)$, 其中 $x, y \in \mathcal{A}$;

(3) $\tau \circ \Phi = \tau$.

这里, $\mathcal{A}^* = \{x^* : x \in \mathcal{A}\}$ 表示 $\mathcal{A}$ 的伴随元的全体, 代数 $\mathcal{D}$ 称为 $\mathcal{A}$ 的对角. 次对角代数是 H^∞ 的非交换推广, 因此 $\mathcal{A}$ 也称为 $\mathcal{M}$ 中的非交换 H^∞ 空间.

下面给出次对角代数的一些实例.

例 8.4.1　令 $\mathcal{M} = M_n(\mathbb{C})$ 为 $n \times n$ 复矩阵全体构成的代数, 并赋予规范的矩阵迹 τ, $\mathcal{A}$ 为 $M_n(\mathbb{C})$ 中所有上三角矩阵构成的代数. 此时, $\mathcal{D}$ 为 $M_n(\mathbb{C})$ 中的对角矩阵, Φ 是从任意的 $n \times n$ 复矩阵到其对角矩阵上的投影. 则 $\mathcal{A}$ 为 $\mathcal{M}$ 的一个有限极大次对角代数.

例 8.4.2　设 $\mathcal{M}$ 是一个具有正规忠实迹态 τ 的有限 von Neumann 代数, 令 $\mathcal{P}$ 为 $\mathcal{M}$ 中的投影构成的一个全序集, 且包含 0 和 1. 令

$$\mathcal{N}(P) = \{x \in \mathcal{M} : xe = exe, \forall e \in \mathcal{P}\}.$$

则 $\mathcal{N}(P)$ 是 $\mathcal{M}$ 的一个有限极大次对角代数.

例 8.4.3　令 $\mathcal{M} = L^\infty(X, \mu)$, 其中 (X, μ) 为一个概率空间, 在 $L^\infty(X, \mu)$ 上赋予迹 $\tau(f) = \int f \mathrm{d}\mu$, 其中 $f \in L^\infty(X, \mu)$. 令 $\mathcal{A}$ 是 $L^\infty(X, \mu)$ 中的一个弱 * 子代数满足 $I \in \mathcal{A}$, $\mathcal{A} + \mathcal{A}^*$ 在 $L^\infty(X, \mu)$ 中弱 * 稠密, 且

$$\int fg \mathrm{d}\mu = \left(\int f \mathrm{d}\mu\right)\left(\int g \mathrm{d}\mu\right),$$

其中, $f, g \in \mathcal{A}$. 如果对于任意的 $f \in L^\infty(X, \mu)$, $\Phi(f) = \left(\int f \mathrm{d}\mu\right) I$, 则 $\mathcal{A}$ 是 $L^\infty(X, \mu)$ 中的一个有限极大次对角代数. 这里的极大次对角代数实际上是弱 * 狄利克雷代数, 详细内容可参看 Srinivasan 等 [121] 的著作.

8.4.2　非交换广义 H^α 空间的刻画

本小节中给出经典哈代空间在非交换方向的推广.

设 H^∞ 是 $\mathcal{M}$ 中的一个有限极大次对角代数, 令

$$H_0^\infty = \{x \in H^\infty : \Phi(x) = 0\}.$$

对于 $0 < p < \infty$, 当 $\mathcal{S} \subseteq L^p(\mathcal{M}, \tau)$ 时, 令 $[\mathcal{S}]_p$ 表示 $\mathcal{S}$ 在 $L^p(\mathcal{M}, \tau)$ 中的闭包, 定义

$$H^p = [H^\infty]_p \quad 和 \quad H_0^p = [H_0^\infty]_p.$$

对于 $\mathcal{S} \subseteq \mathcal{M}$, 令 $\overline{\mathcal{S}}^{w^*}$ 表示 $\mathcal{S}$ 在 $\mathcal{M}$ 中的弱 * 闭包.

类似地, 在非交换 L^α 空间的基础上, 给出非交换 H^α 空间的定义.

定义 8.4.1 设 $\mathcal{M}$ 是一个具有忠实正规迹态 τ 的有限 von Neumann 代数, 令 H^∞ 为 $\mathcal{M}$ 中一个有限极大次对角代数. 设 α 是定义在 $\mathcal{M}$ 上连续的 $\|\cdot\|_1$ 控制的正规酉不变范数. 对于 $\mathcal{S} \subseteq L^\alpha(\mathcal{M},\tau)$, 令 $[\mathcal{S}]_\alpha$ 表示 $\mathcal{S}$ 在 $L^\alpha(\mathcal{M},\tau)$ 中关于范数 α 的闭包. 特别地, 定义 H^α 为非交换 H^∞ 空间关于范数 α 的闭包, 即

$$H^\alpha = [H^\infty]_\alpha.$$

对于 $1 \leqslant p \leqslant \infty$, 非交换 H^p 空间的刻画由 Saito[35] 给出, 具体内容如下.

命题 8.4.1 令 $1 \leqslant p \leqslant \infty$, 则

(1) $H^1 \cap L^p(\mathcal{M},\tau) = H^p$, $H_0^1 \cap L^p(\mathcal{M},\tau) = H_0^p$.

(2) $H^p = \{x \in L^p(\mathcal{M},\tau) : \tau(xy) = 0, \forall y \in H_0^\infty\}$.

(3) $H_0^p = \{x \in L^p(\mathcal{M},\tau) : \tau(xy) = 0, \forall y \in H^\infty\} = \{x \in H^p : \Phi(x) = 0\}$.

本节的主要内容是说明, Saito 提出的非交换 H^p 空间的刻画在新情形 H^α 中依然成立, 这里, α 是定义在 $\mathcal{M}$ 上连续的 $\|\cdot\|_1$ 控制的正规酉不变范数.

首先介绍经典性质. 对于 $0 < p < \infty$, 依据 Xu 等 [45] 的工作, H^∞ 上的条件期望 Φ 的乘法性质可以延拓到 H^p 空间上.

引理 8.4.1 条件期望 Φ 在非交换哈代空间上具有乘法性质. 特别地, 当 $0 < p, q \leqslant \infty$ 时, 对于任意的 $a \in H^p$ 和 $b \in H^q$, 有 $\Phi(ab) = \Phi(a)\Phi(b)$.

在得到主要结论之间, 先介绍两个重要的引理.

引理 8.4.2 设 $\mathcal{M}$ 是一个具有忠实正规迹态 τ 的有限 von Neumann 代数, H^∞ 是 $\mathcal{M}$ 中的有限极大次对角代数. 设 α 是定义在 $\mathcal{M}$ 上连续的 $\|\cdot\|_1$ 控制的正规酉不变范数 (参考定义 8.2.1), α' 是 α 在 $\mathcal{M}$ 上的对偶范数 (参考定义 8.2.3). 如果 $L_{\overline{\alpha'}}(\mathcal{M},\tau)$ 如定义 8.3.1 中描述, 则

$$H^\alpha = \{x \in L^\alpha(\mathcal{M},\tau) : \tau(xy) = 0,\ \forall y \in H_0^1 \cap L_{\overline{\alpha'}}(\mathcal{M},\tau)\}.$$

证明 令

$$X = \{x \in L^\alpha(\mathcal{M},\tau) : \tau(xy) = 0,\ \forall y \in H_0^1 \cap L_{\overline{\alpha'}}(\mathcal{M},\tau)\}.$$

设 $x \in H^\infty$, 如果 $y \in H_0^1 \cap L_{\overline{\alpha'}}(\mathcal{M},\tau) \subseteq H_0^1$, 则根据命题 8.4.1 中的结论 (3) 可知, $\tau(xy) = 0$. 意味着 $x \in X$, 从而 $H^\infty \subseteq X$.

下面证明 X 在 $L^\alpha(\mathcal{M},\tau)$ 中关于范数 α 是闭子空间. 事实上, 设 $\{x_n\}$ 是 X 中一个满足 $\alpha(x_n - x) \to 0$ 的序列, 其中 $x \in L^\alpha(\mathcal{M},\tau)$. 如果 $y \in H_0^1 \cap L_{\overline{\alpha'}}(\mathcal{M},\tau)$, 则根据广义非交换 Hölder 不等式 (定理 8.3.1) 可知,

$$|\tau(xy) - \tau(x_n y)| = |\tau((x - x_n)y)| \leqslant \alpha(x - x_n)\overline{\alpha'}(y) \to 0.$$

因为对于任意的 $n \in \mathbb{N}$, $x_n \in X$, 所以对于任意的 $y \in H_0^1 \cap L_{\overline{\alpha'}}(\mathcal{M},\tau)$, 有

$$\tau(xy) = \lim_{n\to\infty} \tau(x_n y) = 0.$$

依据 X 的定义可以得出 $x \in X$. 因此, X 在 $L^\alpha(\mathcal{M},\tau)$ 中是闭子空间, 从而

$$H^\alpha = [H^\infty]_\alpha \subseteq X.$$

下面证明 $H^\alpha = X$. 反证法, 假设 $H^\alpha \subsetneqq X \subseteq L^\alpha(\mathcal{M},\tau)$, 则根据 Hahn-Banach 延拓定理可知, 存在 $\Phi \in (L^\alpha(\mathcal{M},\tau))^\sharp$ 和 $x \in X$, 使得

(1) $\Phi(x) \neq 0$.

(2) $\Phi(y) = 0$, 其中 $y \in H^\alpha$.

由于 α 在 $\mathcal{M}$ 上是连续的 $\|\cdot\|_1$ 控制的正规酉不变范数, 依据命题 8.3.3, 存在 $\xi \in L_{\overline{\alpha'}}(\mathcal{M},\tau)$, 使得

(3) 对于任意的 $z \in L^\alpha(\mathcal{M},\tau)$, 有 $\Phi(z) = \tau(z\xi)$.

结合结论 (2) 和 (3) 可得

(4) 对于任意的 $y \in H^\infty \subseteq H^\alpha \subseteq L^\alpha(\mathcal{M},\tau)$, 有 $\tau(y\xi) = \Phi(y) = 0$.

因为 $\xi \in L_{\overline{\alpha'}}(\mathcal{M},\tau) \subseteq L^1(\mathcal{M},\tau)$, 所以根据命题 8.4.1 中的结论 (3) 可知 $\xi \in H_0^1$, 意味着 $\xi \in H_0^1 \cap L_{\overline{\alpha'}}(\mathcal{M},\tau)$. 再结合

$$x \in X = \{x \in L^\alpha(\mathcal{M},\tau) : \tau(xy) = 0,\ \forall y \in H_0^1 \cap L_{\overline{\alpha'}}(\mathcal{M},\tau)\},$$

即有 $\tau(x\xi) = 0$. 注意到 $x \in X \subseteq L^\alpha(\mathcal{M},\tau)$, 依据结论 (1) 和结论 (3) 可得

$$\tau(x\xi) = \Phi(x) \neq 0,$$

与 $\tau(x\xi) = 0$ 矛盾. 因此,

$$H^\alpha = X = \{x \in L^\alpha(\mathcal{M},\tau) : \tau(xy) = 0, \forall y \in H_0^1 \cap L_{\overline{\alpha'}}(\mathcal{M},\tau)\}.$$

引理 8.4.3 设 $\mathcal{M}$ 是一个具有忠实正规迹态 τ 的有限 von Neumann 代数, H^∞ 是 $\mathcal{M}$ 中的有限极大次对角代数. 设 α 是定义在 $\mathcal{M}$ 上连续的 $\|\cdot\|_1$ 控制的正规酉不变范数 (参考定义 8.2.1), α' 是 α 在 $\mathcal{M}$ 上的对偶范数 (参考定义 8.2.3). 如果 $L_{\overline{\alpha'}}(\mathcal{M},\tau)$ 如定义 8.3.1 中描述, 则

$$H^1 \cap L^\alpha(\mathcal{M},\tau) = \{x \in L^\alpha(\mathcal{M},\tau) : \tau(xy) = 0,\ \forall y \in H_0^1 \cap L_{\overline{\alpha'}}(\mathcal{M},\tau)\}.$$

证明 令

$$X = \{x \in L^\alpha(\mathcal{M},\tau) : \tau(xy) = 0,\ \forall y \in H_0^1 \cap L_{\overline{\alpha'}}(\mathcal{M},\tau)\}.$$

显然, $X \subseteq L^{\alpha}(\mathcal{M},\tau)$.

设 $x \in X$, 即 $x \in L^{\alpha}(\mathcal{M},\tau)$, 使得对于任意的 $y \in H_0^1 \cap L_{\overline{\alpha'}}(\mathcal{M},\tau)$, 有 $\tau(xy) = 0$. 因为 $H_0^{\infty} \subseteq H^{\infty} \subseteq \mathcal{M} \subseteq L_{\overline{\alpha'}}(\mathcal{M},\tau)$, 且 $H_0^{\infty} \subseteq H_0^1$, 所以对于任意的 $y \in H_0^{\infty}$, $\tau(xy) = 0$. 从而根据命题 8.4.1 中的结论 (2) 可知, $x \in H^1$, 意味着 $X \subseteq H^1 \cap L^{\alpha}(\mathcal{M},\tau)$.

下面证明 $H^1 \cap L^{\alpha}(\mathcal{M},\tau) \subseteq X$. 事实上, 设 $x \in H^1 \cap L^{\alpha}(\mathcal{M},\tau)$, 则 $x \in L^{\alpha}(\mathcal{M},\tau)$. 若 $y \in H_0^1 \cap L_{\overline{\alpha'}}(\mathcal{M},\tau)$, 那么 $\Phi(y) = 0$. 注意到 $xy \in H^1 H_0^1 \subseteq H^{1/2}$, 根据引理 8.4.1 可得 $\Phi(xy) \in L^{1/2}(\mathcal{D},\tau)$ (详细证明可参考文献 [46] 中的定理 2.1), 且 $\Phi(xy) = \Phi(x)\Phi(y) = 0$. 另外, 因为 $x \in L^{\alpha}(\mathcal{M},\tau)$, $y \in L_{\overline{\alpha'}}(\mathcal{M},\tau)$, 所以依据定理 8.3.1, $xy \in L^1(\mathcal{M},\tau)$, 于是 $\Phi(xy) \in L^1(\mathcal{M},\tau)$. 从而 $\tau(xy)$ 是合理定义的, 且 $\tau(xy) = \tau(\Phi(xy)) = 0$. 依据集合 X 的定义可得, $x \in X$. 因此, $H^1 \cap L^{\alpha}(\mathcal{M},\tau) \subseteq X$, 从而证得

$$H^1 \cap L^{\alpha}(\mathcal{M},\tau) = \{x \in L^{\alpha}(\mathcal{M},\tau) : \tau(xy) = 0,\ \forall y \in H_0^1 \cap L_{\overline{\alpha'}}(\mathcal{M},\tau)\}.$$

下面的定理为非交换 H^{α} 空间的刻画.

定理 8.4.1 设 $\mathcal{M}$ 是一个具有忠实正规迹态 τ 的有限 von Neumann 代数, H^{∞} 是 $\mathcal{M}$ 中的有限极大次对角代数. 如果 α 是定义在 $\mathcal{M}$ 上连续的 $\|\cdot\|_1$ 控制的正规酉不变范数 (参考定义 8.2.1), α' 是 α 在 $\mathcal{M}$ 上的对偶范数 (参考定义 8.2.3), 则

$$H^{\alpha} = H^1 \cap L^{\alpha}(\mathcal{M},\tau) = \{x \in L^{\alpha}(\mathcal{M},\tau) : \tau(xy) = 0, \forall y \in H_0^{\infty}\}.$$

证明 结合引理 8.4.1、引理 8.4.2 与命题 8.4.1 即可证得结论.

8.5 非交换广义 Beurling 不变子空间理论

Blecher 等 [38] 将经典 Beurling 定理推广到非交换 H^p 空间中, 其中 $1 \leqslant p \leqslant \infty$. 本节的主要内容是利用酉不变范数 α 代替 $\|\cdot\|_p$, 将经典 Beurling 推广到非交换广义 H^{α} 空间中. 在推广的过程中, 遇到了实质性的困难 (文献 [38] 中的证明以非交换 H^2 空间理论为基础, 分别讨论在 $p > 2$ 与 $p \leqslant 2$ 的情况下 H^p 空间的特征性质, 而酉不变范数之间不存在偏序关系, 不能进行大小比较). 因此, 需要寻求新的研究方法, 刻画不变子空间的构造.

8.5.1 可逆酉分解

Saito[35] 证明了如下重要的分解定理.

引理 8.5.1[35] 设 $\mathcal{M}$ 是一个具有忠实正规迹态 τ 的有限 von Neumann 代数, H^{∞} 是 $\mathcal{M}$ 中的有限极大次对角代数. 如果 $k \in \mathcal{M}$, $k^{-1} \in L^2(\mathcal{M},\tau)$, 则存在酉算子 $u_1, u_2 \in \mathcal{M}$ 和 $a_1, a_2 \in H^{\infty}$, 使得 $k = u_1 a_1 = a_2 u_2$, 且 $a_1^{-1}, a_2^{-1} \in H^2$.

事实上, 上述引理在非交换广义 H^α 空间中依然成立. 不同的是, 引理 8.5.1 中所选取的 a_1 和 a_2 的逆元应在 H^α 中.

命题 8.5.1 设 $\mathcal{M}$ 是一个具有忠实正规迹态 τ 的有限 von Neumann 代数, H^∞ 是 $\mathcal{M}$ 中的有限极大次对角代数. 设 α 是定义在 $\mathcal{M}$ 上连续的 $\|\cdot\|_1$ 控制的正规酉不变范数 (参考定义 8.2.1). 如果 $k\in\mathcal{M}$, $k^{-1}\in L^\alpha(\mathcal{M},\tau)$, 则存在酉算子 $w_1,w_2\in\mathcal{M}$ 和算子 $a_1,a_2\in H^\infty$, 使得 $k=w_1a_1=a_2w_2$, 且 $a_1^{-1},a_2^{-1}\in H^\alpha$.

证明 设 $k\in\mathcal{M}$ 满足 $k^{-1}\in L^\alpha(\mathcal{M},\tau)$. 假设 $k=vh$ 是 k 在 $\mathcal{M}$ 中的极分解, 其中 v 是 $\mathcal{M}$ 中的酉算子, h 是 $\mathcal{M}$ 中的正算子, 则根据命题中的假设可知

$$k^{-1}=h^{-1}v^*\in L^\alpha(\mathcal{M},\tau),$$

于是

$$h^{-1}\in L^\alpha(\mathcal{M},\tau)\subseteq L^1(\mathcal{M},\tau).$$

因为 h 在 $\mathcal{M}$ 中是正算子, 所以 $h^{-\frac{1}{2}}\in L^2(\mathcal{M},\tau)$. 注意到 $h^{\frac{1}{2}}\in\mathcal{M}$, 依据引理 8.5.1 可知, 存在酉算子 $u_1\in\mathcal{M}$ 和算子 $h_1\in H^\infty$, 使得 $h^{\frac{1}{2}}=u_1h_1$, 且 $h_1^{-1}\in H^2$.

此时, $h=h^{\frac{1}{2}}\cdot h^{\frac{1}{2}}=u_1(h_1u_1)h_1$. 因为 h_1u_1 在 $\mathcal{M}$ 中, $(h_1u_1)^{-1}=u_1^*h_1^{-1}\in L^2(\mathcal{M},\tau)$, 所以由引理 8.5.1 可知, 存在酉算子 $u_2\in\mathcal{M}$ 和算子 $h_2\in H^\infty$ 使得 $h_1u_1=u_2h_2$, 且 $h_2^{-1}\in H^2$. 因此,

$$k=vh=vu_1h_1u_1h_1=vu_1u_2h_2h_1=w_1a_1,$$

其中, $w_1=vu_1u_2$ 在 $\mathcal{M}$ 中是酉算子, $a_1=h_2h_1\in H^\infty$ 满足条件

$$a_1^{-1}=(h_2h_1)^{-1}=h_1^{-1}h_2^{-1}\in H^2\cdot H^2\subseteq H^1.$$

又因为 $k^{-1}=(w_1a_1)^{-1}=a_1^{-1}w_1^*\in L^\alpha(\mathcal{M},\tau)$, 所以 $a_1^{-1}\in L^\alpha(\mathcal{M},\tau)$, 从而根据定理 8.4.1, 有

$$a_1^{-1}\in H^1\cap L^\alpha(\mathcal{M})=H^\alpha.$$

因此, w_1 是 $\mathcal{M}$ 中的酉算子, $a_1\in H^\infty$, 且满足条件 $k=w_1a_1$, $a_1^{-1}\in H^\alpha$.

同理, 可以证明存在酉算子 $w_2\in\mathcal{M}$ 和算子 $a_2\in H^\infty$, 使得 $k=a_2w_2$, 且 $a_2^{-1}\in H^\alpha$.

8.5.2 稠密子空间的结构

利用有限极大次对角代数的可逆酉分解, 刻画非交换广义哈代空间中子空间的稠密性, 是非常重要且必要的.

定理 8.5.1 设 $\mathcal{M}$ 是一个具有忠实正规迹态 τ 的有限 von Neumann 代数, H^∞ 是 $\mathcal{M}$ 中的有限极大次对角代数. 设 α 是定义在 $\mathcal{M}$ 上连续的 $\|\cdot\|_1$ 控制的

正规酉不变范数 (参考定义 8.2.1). 如果 $\mathcal{W}$ 是 $L^\alpha(\mathcal{M},\tau)$ 中的一个闭子空间, $\mathcal{N}$ 是 $\mathcal{M}$ 中一个弱 * 闭子空间, 满足 $\mathcal{W}H^\infty \subseteq \mathcal{W}$ 和 $\mathcal{N}H^\infty \subseteq \mathcal{N}$, 则

(1) $\mathcal{N} = [\mathcal{N}]_\alpha \cap \mathcal{M}$;

(2) $\mathcal{W} \cap \mathcal{M}$ 在 $\mathcal{M}$ 中是弱 * 闭的;

(3) $\mathcal{W} = [\mathcal{W} \cap \mathcal{M}]_\alpha$;

(4) 如果 $\mathcal{S}$ 是 $\mathcal{M}$ 中的一个子空间满足 $\mathcal{S}H^\infty \subseteq \mathcal{S}$, 那么

$$[\mathcal{S}]_\alpha = [\overline{\mathcal{S}}^{w*}]_\alpha,$$

其中, $\overline{\mathcal{S}}^{w*}$ 是 $\mathcal{S}$ 在 $\mathcal{M}$ 中的弱 * 闭包.

证明 (1) 显然, $\mathcal{N} \subseteq [\mathcal{N}]_\alpha \cap \mathcal{M}$. 反包含关系利用反证法, 假设 $\mathcal{N} \subsetneqq [\mathcal{N}]_\alpha \cap \mathcal{M}$. 注意到 $\mathcal{N}$ 是 $\mathcal{M}$ 中的弱 * 闭子空间, $L^1(\mathcal{M},\tau)$ 是 $\mathcal{M}$ 的前对偶, 根据 Hahn-Banach 延拓定理可知, 存在 $\xi \in L^1(\mathcal{M},\tau)$ 和 $x \in [\mathcal{N}]_\alpha \cap \mathcal{M}$, 使得 ① $\tau(\xi x) \neq 0$; ② $\tau(\xi y) = 0$, 其中 $y \in \mathcal{N}$.

下面证明, 存在 $z \in \mathcal{M}$, 使得

$$\tau(zx) \neq 0, \quad 但 \quad \tau(zy) = 0, \quad 其中 \quad y \in \mathcal{N}.$$

事实上, 设 $\xi = |\xi^*|v$ 是 ξ 在 $L^1(\mathcal{M},\tau)$ 中的极分解, 其中 v 是 $\mathcal{M}$ 中的酉元, $|\xi^*|$ 在 $L^1(\mathcal{M},\tau)$ 中是正算子. 定义 $[0,\infty)$ 上的函数 f 为

$$f(t) = \begin{cases} 1, & 0 \leqslant t \leqslant 1 \\ 1/t, & t > 1 \end{cases},$$

并根据函数演算定义 $k = f(|\xi^*|)$. 根据函数 f 的构造可以得出 $k \in \mathcal{M}$, 且 $k^{-1} = f^{-1}(|\xi^*|) \in L^1(\mathcal{M},\tau)$. 因此由定理 8.4.1 可知, 存在酉算子 $u \in \mathcal{M}$ 和 $a \in H^\infty$, 使得 $k = ua$, 且 $a^{-1} \in H^1$. 因为 H^∞ 在 H^1 中稠密, 选取 H^∞ 中的序列 $\{a_n\}_{n=1}^\infty$, 使得当 $n \to \infty$ 时, $\|a^{-1} - a_n\|_1 \to 0$. 此时, 因为 a, a_n 在 H^∞ 中, 故对于任意的 $y \in \mathcal{N}$, 有

$$ya_n a \in \mathcal{N}H^\infty \subseteq \mathcal{N} \quad 且 \quad \tau(a_n a\xi y) = \tau(\xi y a_n a) = 0; \tag{8.4}$$

根据 a 和 u 的选取, 可得

$$a\xi = (u^*u)a(|\xi^*|v) = u^*(k|\xi^*|)v \in \mathcal{M}; \tag{8.5}$$

由式 (8.4) 和结论 ① 可得

$$0 \neq \tau(\xi x) = \tau(a^{-1}a\xi x) = \lim_{n\to\infty} \tau(a_n a\xi x). \tag{8.6}$$

结合式 (8.4)、式 (8.5) 和式 (8.6) , 选取 $N \in \mathbb{N}$, 使得 $z = a_N a\xi \in \mathcal{M}$ 满足条件:

$$\tau(zx) \neq 0, \quad 但 \quad \tau(zy) = 0, \quad 其中 \quad y \in \mathcal{N}.$$

因为 $x \in [\mathcal{N}]_\alpha$, 所以存在 $\mathcal{N}$ 中的一个序列 $\{x_n\}$, 使得 $\alpha(x - x_n) \to 0$. 因此,

$$|\tau(zx_n) - \tau(zx)| = |\tau(z(x - x_n))| \leqslant \|x - x_n\|_1 \|z\| \leqslant \alpha(x - x_n)\|z\| \to 0.$$

当 $z \in \mathcal{M}$, $y \in \mathcal{N}$ 时, $\tau(zy) = 0$, 故 $\tau(zx) = \lim_{n\to\infty} \tau(zx_n) = 0$. 这与 $\tau(zx) \neq 0$ 矛盾, 因此

$$\mathcal{N} = [\mathcal{N}]_\alpha \cap \mathcal{M}.$$

(2) 设 $\overline{\mathcal{W} \cap \mathcal{M}}^{w*}$ 是 $\mathcal{W} \cap \mathcal{M}$ 在 $\mathcal{M}$ 中的弱 * 闭包. 容易看出, 为了证明 $\mathcal{W} \cap \mathcal{M} = \overline{\mathcal{W} \cap \mathcal{M}}^{w*}$, 只需证明 $\overline{\mathcal{W} \cap \mathcal{M}}^{w*} \subseteq \mathcal{W}$. 如若不然, 假设 $\overline{\mathcal{W} \cap \mathcal{M}}^{w*} \nsubseteq \mathcal{W}$, 则存在 $x \in \overline{\mathcal{W} \cap \mathcal{M}}^{w*} \subseteq \mathcal{M} \subseteq L^\alpha(\mathcal{M}, \tau)$, 但是 $x \notin \mathcal{W}$. 因为 $\mathcal{W}$ 是 $L^\alpha(\mathcal{M}, \tau)$ 中的闭子空间, 根据 Hahn-Banach 延拓定理和定理 8.3.2 可知, 存在 $\xi \in L_{\overline{\alpha'}}(\mathcal{M}, \tau) \subseteq L^1(\mathcal{M}, \tau)$, 使得 $\tau(\xi x) \neq 0$, 且 $\tau(\xi y) = 0$, 其中 $y \in \mathcal{W}$. 由于 ξ 在 $L^1(\mathcal{M}, \tau)$ 中, 定义线性映射 $\tau_\xi : \mathcal{M} \mapsto \mathbb{C}$ 为对于任意的 $a \in \mathcal{M}$, $\tau_\xi(a) = \tau(\xi a)$. 容易验证, τ_ξ 在 $\mathcal{M}$ 上是弱 * 连续的. 注意到 $x \in \overline{\mathcal{W} \cap \mathcal{M}}^{w*}$, 且对于任意的 $y \in \mathcal{W}$, $\tau(\xi y) = 0$, 意味着 $\tau(\xi x) = 0$, 与前面的结论 $\tau(\xi x) \neq 0$ 矛盾. 从而 $\overline{\mathcal{W} \cap \mathcal{M}}^{w*} \subseteq \mathcal{W}$.

(3) 因为 $\mathcal{W}$ 关于范数 α 是闭子空间, 容易验证 $[\mathcal{W} \cap \mathcal{M}]_\alpha \subseteq \mathcal{W}$. 下面假设

$$[\mathcal{W} \cap \mathcal{M}]_\alpha \subsetneqq \mathcal{W} \subseteq L^\alpha(\mathcal{M}, \tau).$$

根据 Hahn-Banach 延拓定理和定理 8.3.2, 存在 $x \in \mathcal{W}$ 和 $\xi \in L_{\overline{\alpha'}}(\mathcal{M}, \tau)$ 使得对于任意的 $y \in [\mathcal{W} \cap \mathcal{M}]_\alpha$, 有 $\tau(\xi x) \neq 0$, $\tau(\xi y) = 0$. 令 $x = v|x|$ 表示 x 在 $L^\alpha(\mathcal{M}, \tau)$ 中的极分解, 其中 v 是 $\mathcal{M}$ 中的酉元. 类似于结论①的证明, 定义 $[0, \infty)$ 上的函数 f 为

$$f(t) = \begin{cases} 1, & 0 \leqslant t \leqslant 1 \\ 1/t, & t > 1 \end{cases},$$

根据函数演算, 定义 $k = f(|x|)$. 于是 $k \in \mathcal{M}$, 且 $k^{-1} = f^{-1}(|x|) \in L^\alpha(\mathcal{M}, \tau)$. 此时, k 与 k^{-1} 满足分解定理 (命题 8.5.1), 故存在酉算子 $u \in \mathcal{M}$ 和 $a \in H^\infty$, 使得 $k = au$, 且 $a^{-1} \in H^\alpha$. 经过简单计算可推出 $|x|k \in \mathcal{M}$, 意味着

$$xa = xauu^* = xku^* = v(|x|k)u^* \in \mathcal{M}.$$

因为 $a \in H^\infty$, 所以 $xa \in \mathcal{W}H^\infty \subseteq \mathcal{W}$, 于是 $xa \in \mathcal{W} \cap \mathcal{M}$. 同时, 由于

$$(\mathcal{W} \cap \mathcal{M})H^\infty \subseteq \mathcal{W} \cap \mathcal{M},$$

如果 $b \in H^\infty$, 则 $xab \in \mathcal{W} \cap \mathcal{M}$, 它表明 $\tau(\xi xab) = 0$. 根据 H^∞ 在 H^α 中稠密, ξ 在 $L_{\overline{\alpha'}}(\mathcal{M},\tau)$ 中, 由定理 8.3.1 可知, 对于任意的 $b \in H^\alpha$, 有 $\tau(\xi xab) = 0$. 又因为 $a^{-1} \in H^\alpha$, 所以 $\tau(\xi x) = \tau(\xi xaa^{-1}) = 0$. 与假设 $\tau(\xi x) \neq 0$ 矛盾. 因此,

$$\mathcal{W} = [\mathcal{W} \cap \mathcal{M}]_\alpha.$$

(4) 设 $\mathcal{S}$ 是 $\mathcal{M}$ 中一个满足 $\mathcal{S}H^\infty \subseteq \mathcal{S}$ 的子空间, 令 $\overline{\mathcal{S}}^{w*}$ 表示 $\mathcal{S}$ 在 $\mathcal{M}$ 的弱 * 闭包, 则 $[\mathcal{S}]_\alpha H^\infty \subseteq [\mathcal{S}]_\alpha$. 因为 $\mathcal{S} \subseteq [\mathcal{S}]_\alpha \cap \mathcal{M}$, 根据结论②可知, $[\mathcal{S}]_\alpha \cap \mathcal{M}$ 是弱 * 闭的, 所以 $\overline{\mathcal{S}}^{w*} \subseteq [\mathcal{S}]_\alpha \cap \mathcal{M}$. 因此, $[\overline{\mathcal{S}}^{w*}]_\alpha \subseteq [\mathcal{S}]_\alpha$, 表明 $[\overline{\mathcal{S}}^{w*}]_\alpha = [\mathcal{S}]_\alpha$.

8.5.3 非交换广义 Beurling 定理

在叙述主要结论之前, 需要给出内列直和 [122] 的定义.

定义 8.5.1 设 $\mathcal{M}$ 是一个具有忠实正规迹态 τ 的有限 von Neumann 代数, X 是 $\mathcal{M}$ 中的弱 * 闭子空间, 则 X 称为 $\mathcal{M}$ 中一族弱 * 闭子空间 $\{X_i\}_{i\in\mathcal{I}}$ 的内直和, 如果

(1) 对于不同的 $i, j \in \mathcal{I}$, $X_j^* X_i = \{0\}$;

(2) $\{X_i : i \in \mathcal{I}\}$ 的线性闭包在 X 中弱 * 稠密, 即

$$X = \overline{\mathrm{span}\{X_i : i \in \mathcal{I}\}}^{w*}.$$

这里, 内直和用符号

$$X = \bigoplus_{i\in\mathcal{I}}^{\mathrm{col}} X_i$$

表示.

特别地, $L^\alpha(\mathcal{M},\tau)$ 空间上子空间的内直和表示如下.

定义 8.5.2 设 $\mathcal{M}$ 是一个具有忠实正规迹态 τ 的有限 von Neumann 代数, α 是定义在 $\mathcal{M}$ 上连续的 $\|\cdot\|_1$ 控制的正规酉不变范数 (参考定义 8.2.1). 设 X 是 $L^\alpha(\mathcal{M},\tau)$ 中的闭子空间, 则 X 称为 $L^\alpha(\mathcal{M},\tau)$ 中一族闭子空间 $\{X_i\}_{i\in\mathcal{I}}$ 的内直和, 如果

(1) 对于不同的 $i, j \in \mathcal{I}$, $X_j^* X_i = \{0\}$;

(2) $\{X_i : i \in \mathcal{I}\}$ 的线性闭包在 X 中关于范数 α 稠密, 即

$$X = \overline{\mathrm{span}\{X_i : i \in \mathcal{I}\}}^{\alpha}.$$

这里, 内直和用符号

$$X = \bigoplus_{i\in\mathcal{I}}^{\mathrm{col}} X_i$$

表示.

Blecher 等 [38] 证明了非交换 $L^p(\mathcal{M},\tau)$ 空间中的 Beurling 定理, 这里 $1 \leqslant p \leqslant \infty$.

引理 8.5.2　设 $\mathcal{M}$ 是一个具有忠实正规迹态 τ 的有限 von Neumann 代数, H^∞ 是 $\mathcal{M}$ 中的有限极大次对角代数. 对于 $1 \leqslant p \leqslant \infty$, 如果 $\mathcal{K}$ 是 $L^p(\mathcal{M},\tau)$ 中保持 H^∞ 右不变的闭子空间 (当 $p=\infty$ 时, $\mathcal{K}$ 是弱 * 闭的), 则 $\mathcal{K}$ 可以表示成如下直和的形式:

$$\mathcal{K} = \mathcal{Z} \overset{\text{col}}{\bigoplus} \left(\overset{\text{col}}{\bigoplus_{i}} u_i H^p \right),$$

其中, $\mathcal{Z}$ 是 $L^p(\mathcal{M},\tau)$ 中的闭子空间 (当 $p=\infty$ 时, $\mathcal{Z}$ 是弱 * 闭的), 且 $\mathcal{Z} = [\mathcal{Z}H_0^\infty]_p$, 这里 u_i 是 $\mathcal{M} \cap \mathcal{K}$ 上的部分等距算子, 满足条件 $u_j^* u_i = 0 (i \neq j)$ 和 $u_i^* u_i \in \mathcal{D}$. 同时, 对于每一个 i, $u_i^* \mathcal{Z} = \{0\}$, 由 $u_i u_i^*$ 生成的左乘算子是从 $\mathcal{K}$ 到 $u_i H^p$ 上的压缩投影, 由 $I - \sum_i u_i u_i^*$ 生成的左乘算子是从 $\mathcal{K}$ 到 $\mathcal{Z}$ 上的压缩投影.

至此, 准备工作就绪, 下面将经典 Beurling 定理 [49] 推广到非交换广义 $L^\alpha(\mathcal{M},\tau)$ 空间中, 这里的 α 是定义在 $\mathcal{M}$ 上连续的 $\|\cdot\|_1$ 控制的正规酉不变范数.

定理 8.5.2　设 $\mathcal{M}$ 是一个具有忠实正规迹态 τ 的有限 von Neumann 代数, H^∞ 是 $\mathcal{M}$ 中的有限极大次对角代数. 设 α 是定义在 $\mathcal{M}$ 上连续的 $\|\cdot\|_1$ 控制的正规酉不变范数 (参考定义 8.2.1). 如果 $\mathcal{W}$ 是 $L^\alpha(\mathcal{M},\tau)$ 中的一个闭子空间, 则 $\mathcal{W}H^\infty \subseteq \mathcal{W}$, 当且仅当

$$\mathcal{W} = \mathcal{Z} \overset{\text{col}}{\bigoplus} \left(\overset{\text{col}}{\bigoplus_{i\in\mathcal{I}}} u_i H^\alpha \right),$$

其中, $\mathcal{Z}$ 是 $L^\alpha(\mathcal{M},\tau)$ 中的闭子空间, 且 $\mathcal{Z} = [\mathcal{Z}H_0^\infty]_\alpha$, 这里的 u_i 是 $\mathcal{W} \cap \mathcal{M}$ 上的部分等距, 满足条件 $u_j^* u_i = 0 (i \neq j)$ 和 $u_i^* u_i \in \mathcal{D}$. 同时, 对于每一个 i, $u_i^* \mathcal{Z} = \{0\}$, 由 $u_i u_i^*$ 生成的左乘算子是从 $\mathcal{W}$ 到 $u_i H^\alpha$ 上的压缩投影; 由 $I - \sum_i u_i u_i^*$ 生成的左乘算子是从 $\mathcal{W}$ 到 $\mathcal{Z}$ 上的压缩投影.

证明　必要性显然. 下面证明充分性, 设 $\mathcal{W}$ 是 $L^\alpha(\mathcal{M},\tau)$ 中的一个闭子空间, 满足 $\mathcal{W}H^\infty \subseteq \mathcal{W}$. 根据定理 8.5.1 中的结论 (2) 可知, $\mathcal{W} \cap \mathcal{M}$ 在 $\mathcal{M}$ 中弱 * 闭, 故当 $p=\infty$ 时, 应用引理 8.5.2 可得

$$\mathcal{W} \cap \mathcal{M} = \mathcal{Z}_1 \overset{\text{col}}{\bigoplus} \left(\overset{\text{col}}{\bigoplus_{i\in\mathcal{I}}} u_i H^\infty \right),$$

其中, $\mathcal{Z}$ 是 $\mathcal{M}$ 中的弱 * 闭子空间, 且 $\mathcal{Z} = [\mathcal{Z}H_0^\infty]_{w*}$; u_i 是 $\mathcal{W} \cap \mathcal{M}$ 上的部分等距, 满足条件 $u_j^* u_i = 0 (i \neq j)$ 和 $u_i^* u_i \in \mathcal{D}$. 同时, 对每一个 i, $u_i^* \mathcal{Z}_1 = \{0\}$, 由

$u_iu_i^*$ 生成的左乘算子是从 $\mathcal{W}\cap\mathcal{M}$ 到 u_iH^∞ 上的压缩投影; 由 $I-\sum_i u_iu_i^*$ 生成的左乘算子是从 $\mathcal{W}\cap\mathcal{M}$ 到 $\mathcal{Z}_1$ 上的压缩投影.

令 $\mathcal{Z}=[\mathcal{Z}_1]_\alpha$, 不难验证, 对于每一个 i, $u_i^*\mathcal{Z}=\{0\}$. 下面证明 $[u_iH^\infty]_\alpha=u_iH^\alpha$. 事实上, 因为 $[u_iH^\infty]_\alpha\supseteq u_iH^\alpha$, 所以只需证明 $[u_iH^\infty]_\alpha\subseteq u_iH^\alpha$. 设 $\{a_n\}\subseteq H^\infty$, $a\in[u_iH^\infty]_\alpha$, 且 $\alpha(u_ia_n-a)\to 0$, 则根据 u_i 的选取可知, $u_i^*u_i\in\mathcal{D}\subseteq H^\infty$, 因此对于任意的 $n\geqslant 1$, 有 $u_i^*u_ia_n\in H^\infty$. 注意到

$$\alpha(u_i^*u_ia_n-u_i^*a)\leqslant\alpha(u_ia_n-a)\to 0,$$

于是 $u_i^*a\in H^\alpha$. 再次利用 u_i 的选择, 对于任意的 $n\geqslant 1$, 有 $u_iu_i^*u_ia_n=u_ia_n$. 意味着 $a=u_i(u_i^*a)\in u_iH^\alpha$, 因此 $[u_iH^\infty]_\alpha\subseteq u_iH^\alpha$, 从而 $[u_iH^\infty]_\alpha=u_iH^\alpha$.

结合定理 8.5.1 中的结论 (3)、结论 (4) 和内直和的定义, 可立即证得

$$\begin{aligned}
\mathcal{W}&=[\mathcal{W}\cap\mathcal{M}]_\alpha\\
&=\left[\overline{\operatorname{span}\{\mathcal{Z}_1,u_iH^\infty:i\in\mathcal{I}\}}^{w*}\right]_\alpha\\
&=[\operatorname{span}\{\mathcal{Z}_1,u_iH^\infty:i\in\mathcal{I}\}]_\alpha\\
&=[\operatorname{span}\{\mathcal{Z},u_iH^\alpha:i\in\mathcal{I}\}]_\alpha\\
&=\mathcal{Z}\overset{\text{col}}{\bigoplus}\left(\overset{\text{col}}{\bigoplus_i}u_iH^\alpha\right).
\end{aligned}$$

接下来验证 $\mathcal{Z}=[\mathcal{Z}H_0^\infty]_\alpha$. 由于 $\mathcal{Z}=[\mathcal{Z}_1]_\alpha$, 根据定理 8.5.1 中的结论 (1) 可得

$$[\mathcal{Z}_1H_0^\infty]_\alpha\cap\mathcal{M}=\overline{\mathcal{Z}_1H_0^\infty}^{w*}=\mathcal{Z}_1.$$

再次利用定理 8.5.1 中的结论 (3) 可得

$$\mathcal{Z}\supseteq[\mathcal{Z}H_0^\infty]_\alpha\supseteq[\mathcal{Z}_1H_0^\infty]_\alpha=[[\mathcal{Z}_1H_0^\infty]_\alpha\cap\mathcal{M}]_\alpha=[\mathcal{Z}_1]_\alpha=\mathcal{Z}.$$

因此, $\mathcal{Z}=[\mathcal{Z}H_0^\infty]_\alpha$.

根据上述 $\{u_i\}$ 的构造, 不难验证, 对于每一个 i, 由 $u_iu_i^*$ 生成的左乘算子是从 $\mathcal{W}$ 到 u_iH^α 上的压缩投影; 由 $I-\sum_i u_iu_i^*$ 生成的左乘算子是从 $\mathcal{W}$ 到 $\mathcal{Z}$ 上的压缩投影. 结论得证.

由上述定理 8.5.2 可立即得到关于非交换 $L^\alpha(\mathcal{M},\tau)$ 空间中约化子空间的形式.

推论 8.5.1 设 $\mathcal{M}$ 是一个具有忠实正规迹态 τ 的有限 von Neumann 代数, α 是定义在 $\mathcal{M}$ 上连续的 $\|\cdot\|_1$ 控制的正规酉不变范数 (参考定义 8.2.1). 如果 $\mathcal{W}$

是 $L^\alpha(\mathcal{M},\tau)$ 中的一个闭子空间, 满足 $\mathcal{W}\mathcal{M}\subseteq\mathcal{W}$, 则存在一个投影 $e\in\mathcal{M}$, 使得 $\mathcal{W}=eL^\alpha(\mathcal{M},\tau)$.

证明 由于 $\mathcal{M}$ 本身是 $\mathcal{M}$ 中的一个有限极大次对角代数, 令 $H^\infty=\mathcal{M}$, 则 $\mathcal{D}=\mathcal{M}$, 且 Φ 是从 $\mathcal{M}$ 到 $\mathcal{M}$ 上的单位映射, 因此 $H_0^\infty=\{0\}$, 且 $H^\alpha=L^\alpha(\mathcal{M},\tau)$.

如果 $\mathcal{W}$ 是 $L^\alpha(\mathcal{M},\tau)$ 中的闭子空间, 满足 $\mathcal{W}\mathcal{M}\subseteq\mathcal{W}$, 则根据定理 8.5.2 可知

$$\mathcal{W}=\mathcal{Z}\overset{\mathrm{col}}{\bigoplus}\left(\overset{\mathrm{col}}{\bigoplus_{i\in\mathcal{I}}}u_iH^\alpha\right),$$

其中, $\mathcal{Z}$ 和所有的 u_i 满足定理 8.5.2 中的描述. 在特殊的极大次对角代数意义下, 容易验证 $H_0^\infty=\{0\}$, 从而 $\mathcal{Z}=\{0\}$. 又因 $\mathcal{D}=\mathcal{M}$, 故

$$u_iH^\alpha=u_iL^\alpha(\mathcal{M},\tau)\supseteq u_iu_i^*L^\alpha(\mathcal{M},\tau)\supseteq u_iu_i^*u_iL^\alpha(\mathcal{M},\tau)=u_iL^\alpha(\mathcal{M},\tau)=u_iH^\alpha.$$

因此, $u_iH^\alpha=u_iu_i^*L^\alpha(\mathcal{M},\tau)$, 且

$$\begin{aligned}\mathcal{W}&=\mathcal{Z}\overset{\mathrm{col}}{\bigoplus}\left(\overset{\mathrm{col}}{\bigoplus_{i\in\mathcal{I}}}u_iH^\alpha\right)\\&=\overset{\mathrm{col}}{\bigoplus_{i\in\mathcal{I}}}u_iu_i^*L^\alpha(\mathcal{M},\tau)\\&=\left(\sum_i u_iu_i^*\right)L^\alpha(\mathcal{M},\tau)\\&=eL^\alpha(\mathcal{M},\tau),\end{aligned}$$

其中, $e=\sum_i u_iu_i^*$ 是 $\mathcal{M}$ 上的一个投影.

在弱 * 狄利克雷代数中, 定理 8.5.2 中不变子空间的形式更接近交换情形下的 Beurling 定理.

推论 8.5.2 设 $\mathcal{M}$ 是一个具有忠实正规迹态 τ 的有限 von Neumann 代数, H^∞ 是 $\mathcal{M}$ 中的有限极大次对角代数. 设 α 是定义在 $\mathcal{M}$ 上连续的 $\|\cdot\|_1$ 控制的正规酉不变范数 (参考定义 8.2.1). 如果 $\mathcal{W}$ 是 $L^\alpha(\mathcal{M},\tau)$ 中的一个闭子空间且满足

(1) $\mathcal{W}$ 是 $L^\alpha(\mathcal{M},\tau)$ 中关于 H^∞ 右不变的子空间, 即 $[\mathcal{W}H^\infty]_\alpha\subsetneqq\mathcal{W}$, 则 $\mathcal{W}=uH^\alpha$, 其中 u 是 $\mathcal{W}\cap\mathcal{M}$ 中的酉元.

(2) $\mathcal{W}$ 是 H^α 中关于 H^∞ 右不变的子空间, 即 $[\mathcal{W}H^\infty]_\alpha\subsetneqq\mathcal{W}$, 则 $\mathcal{W}=uH^\alpha$, 其中 u 是一个内元 (即 u 是一个酉元, 且 $u\in H^\infty$).

证明 显然, 推论 8.5.2 中的结论 (2) 可由结论 (1) 得到, 故只需证明结论 (1). 根据定理 8.5.2,

$$\mathcal{W} = \mathcal{Z} \bigoplus^{\text{col}} \left(\bigoplus_{i \in \mathcal{I}}^{\text{col}} u_i H^\alpha \right),$$

其中, $\mathcal{Z}$ 和所有的 u_i 满足定理 8.5.2 中的描述.

因为

$$[\mathcal{W} H^\infty]_\alpha \subsetneqq \mathcal{W}, \quad \bigoplus_{i \in \mathcal{I}}^{\text{col}} u_i H^\alpha \neq \{0\},$$

所以存在一个 $i \in \mathcal{I}$, 使得 $u_i \neq 0$. 此时, 等距算子 u_i 满足两种情况, 一种情况是 $u_i^* u_i$ 是 $H^\infty \cap (H^\infty)^* = \mathbb{C}I$ 中的非零投影; 另一种情况是 $u_i^* u_i = I$, 表明 u_i 是 $\mathcal{W} \cap \mathcal{M}$ 中的酉元. 依据 $\{u_i\}_{i \in \mathcal{I}}$ 的选择, 可进一步证得 $\mathcal{W} = u_i H^\alpha$. 结论得证.

参考文献

[1] HARDY G H. The mean value of the moudulus of an analytic function[J]. Proc. Lond. Math. Soc., 1915, 14(1): 269-277.

[2] BURKHOLDER D L, GUNDY R F. Extrapolation and interpolation of quasi-linear operator on martingales[J]. Acta Math., 1970, 124(1): 249-304.

[3] BURKHOLDER D L, DAVIS B J, GUNDY R F. Integral inequalities for convex function of operations on martingales[J]. Math. Statist. Probab., 1972, 2(2): 223-240.

[4] BURKHOLDER D L. Distribution function inequalities for martingales[J]. Ann. Probab., 1973, 1(1): 19-42.

[5] BURKHOLDER D L. Martingale Transforms and the Geometry of Banach Spaces[M]. New York: Springer-Verlag, 1981.

[6] PISIER G M. Martingales with values in uniformly convex spaces[J]. Israel J. Math., 1975, 20(3): 326-350.

[7] LIU P D, BEKJAN T N. Φ-inequalities and laws of large numbers of Hardy martingale transforms[J]. Acta Math., 1997, 17(3): 269-275.

[8] STEIN E M, WEIESS G. On the theory of harmonic functions of several variables. I. The theory of H^p spaces[J]. Acta Math., 1960, 103(2): 25-62.

[9] FEFFERMAN C, STEIN E M. H^p spaces of several variables[J]. Acta Math., 1972, 129(1): 137-193.

[10] RIVIERE N M, SAGHER Y. Interpolation between L^∞ and H^1[J]. J. Func. Anal., 1974, 14(1): 401-409.

[11] DEDDENS J A, WONG T K. The commutant of analytic Toeplitz operators[J]. Trans. Amer. Math. Soc., 1973, 184(1): 261-273.

[12] LATTER R H. A decomposition of $H^p(\mathbb{R}^n)$ in terms of atoms[J]. Studia Math., 1977, 62(1): 657-666.

[13] SARASON D, SILVA J N. Composition operators on a local Dirichlet spaces[J]. J. Math. Anal. Appl., 2002, 87(1): 433-450.

[14] ZHENG D. Hankel operators and Toeplitz operators on the Bergman space[J]. J. Funct. Anal., 1991, 83(1): 98-120.

[15] LIU P D. Fefferman's inequality and the dual of H^p[J]. Chinese Ann. Math., 1991, 12(1): 356-364.

[16] WU Z J. Hankel and Toeplitz operators on Dirichlet spaces[J]. Integral Equations Operator Theory, 1992, 15(3): 503-525.

[17] GU C, ZHENG D. The semi-commutator of Toeplitz operators on the bidisk[J]. J. Operator Theory, 1997, 38(1): 173-193.

[18] YAN S, CHEN X, GUO K. Hankel operators and Hankel algebras[J]. Chinese Ann. Math., 1998, 19(1): 65-76.

[19] GUO K, ZHENG D. Essentially commuting Hankel and Toeplitz operators[J]. J. Func. Anal., 2003, 201(1): 121-147.

[20] DING X. The finite sum of finite products of Toeplitz operators on the polydisk[J]. J. Math. Anal. Appl., 2006, 320(1): 464-481.

[21] SUN S, ZHENG D, ZHONG C. Multiplication operators on the Bergman space and weighted shifts[J]. J. Operator Theory, 2008, 59(2): 435-454.

[22] SUN S, ZHENG D. Beurling type theorem on the Bergman space via the Hardy space of the bidisk[J]. Sci. China Math., 2009, 52(11): 2517-2529.

[23] DOUGLAS R, SUN S, ZHENG D. Multiplication operators on the Bergman space via analytic continuation[J]. Adv. Math., 2011, 226(1): 541-583.

[24] JIANG C, ZHENG D. Similarity of analytic Toeplitz operators on the Bergman spaces[J]. J. Func. Anal., 2010, 258(9): 2961-2982.

[25] DING X H, SUN S H, ZHENG D C. Commuting Toeplitz operators on the bidisk[J]. J. Funct. Anal., 2012, 263(11): 3333-3357.

[26] 卢玉峰, 杨义新. 多圆盘哈代空间的不变子空间 [J]. 数学进展, 2012, 41(3): 313-319.

[27] CAO G, HE L. Fredholmness of multipliers on Hardy-Sobolev spaces[J]. J. Math. Anal. Appl., 2014, 418(1): 1-10.

[28] CAO G, HE L. Toeplitz operators on Hardy-Sobolev spaces[J]. J. Math. Anal. Appl., 2019, 479(2): 2165-2195.

[29] CAO G F, LI J, SHEN M X, et al. A boundedness criterion for singular integral operators of convolution type on the Fock space[J]. Adv. Math., 2020, 363(25): 1-33.

[30] ARVESON W. Analyticity in operator algebras[J]. Amer. J. Math., 1967, 89(3): 578-642.

[31] HAAGERUP U. L^p Spaces Associated with an Arbitrary Von Neumann Algebra(In Algèbres d' opérateurs et leurs applications en physique mathématique)[M]. Paris: éditions du CNRS, 1979.

[32] EXEL R. Maximal subdiagonal algebras[J]. Amer. J. Math., 1988, 110(4): 775-782.

[33] MCASEY M, MUHLY P, SAITO K. Non-self-adjoint crossed products (invariant subspaces and maximality)[J]. Trans. Amer. Math. Soc., 1979, 248(2): 381-409.

[34] PISIER G, XU Q. Noncommutative-spaces, Handbook of the Geometry of Banach Spaces[M]. Amsterdam: North-Holland, 2003.

[35] SAITO K. A note on invariant subspaces for finite maximal subdiagonal algebras[J]. Proc. Amer. Math. Soc., 1979, 77(3): 348-352.

[36] MARSALLI M, WEST G. Noncommutative H^p spaces[J]. J. Operator Theory, 1998, 40(2): 339-355.

[37] BLECHER D, LABUSCHAGNE L. Characterizations of noncommutative H^∞[J]. Integral Equations Operator Theory, 2006, 56(3): 301-321.

[38] BLECHER D, LABUSCHAGNE L. A Beurling theorem for noncommutative L^p[J]. J. Operator Theory, 2008, 59(1): 29-51.

[39] BLECHER D, LABUSCHAGNE L. Outers for noncommutative H^p revisited[J]. Studia Math., 2013, 217(3): 265-287.

[40] XU Q. On the maximality of subdiagonal algebras[J]. J. Operator Theory, 2005, 54(1): 137-146.

[41] 许全华, 吐尔德别克, 陈泽乾. 算子代数与非交换空间引论 [M]. 北京: 科学出版社, 2010.

[42] JI G, SAITO K. Factorization in subdiagonal algebras[J]. J. Funct. Anal., 1998, 159(1): 191-202.

[43] CHEN Z, BEKJAN T. Some advances in the theory of noncommutative spaces[J]. Acta Math. Sci., 2010, 30(5): 1263-1275.

[44] BEKJAN T N. Noncommutative symmetric Hardy spaces[J]. Integral Equations Operator Theory, 2015, 81(2): 191-212.

[45] BEKJAN T N, XU Q H. Riesz and Szegötype factorizations for noncommutative Hardy spaces[J]. J. Operator Theory, 2009, 62(1): 215-231.

[46] MURRAY M, VON NEUMANN J. On rings of operators Ⅱ[J]. Trans. Amer. Math. Soc., 1937, 41(2): 208-248.

[47] VON NEUMANN J. Mathematical Foundations of Quantum Mechanics[M]. Princeton: Princeton University Press, 1955.

[48] PEARCY C, SHIELDS A. Topics in operator theory[J]. Amer. Math. Soc., 1974, 13(1): 219-229.

[49] BEURLING A. On two problems concerning linear transformations in Hilbert space[J]. Acta Math., 1949, 81(1): 239-255.

[50] HELSON H, LOWDENSLAGER D. Invariant Subspaces[M]. Jerusalem : Jerusalem Academic Press, 1960.

[51] HITT D. Invariant subspaces of H^2 of an annulus[J]. Pacific J. Math., 1988, 134(1): 101-120.

[52] ALEMAN A, RICHTER S, SUNDBERG C. Beurling's theorem for the Bergman space[J]. Acta Math., 1996, 177(2): 275-310.

[53] BLECHER D, LABUSCHAGNE L. A Beurling theorem for noncommutative L^p[J]. J. Operator Theory, 2008, 59(1): 29-51.

[54] REZAEI H, TALEBZADEH S, SHIN D Y. Beurling's theorem for vector-valued Hardy spaces[J]. Internat. J. Math. Anal., 2012, 6(13): 701-707.

[55] HALMOS P R. Shifts on Hilbert spaces[J]. J. Reine Angew. Math., 1961, 208(1): 102-112.

[56] SRINIVASAN T P. Simply invariant subspaces[J]. Bull. Amer. Math. Soc., 1963, 69(5):706-709.

[57] SRINIVASAN T P. Doubly invariant subspaces[J]. Pacific J. Math., 1964, 14(2): 701-707.

[58] SRINIVASAN T P. Simply invariant subspaces and generalized analytic functions[J]. Proc. Amer. Math. Soc., 1965, 16(4): 813-818.

[59] HELSON H. Lectures on Invariant Subspaces[M]. New York: Academic Press, 1964.

[60] BRICKMAN L, FILLMORE P A. The invariant subspace lattice of a linear transformation[J]. Canad. J. Math., 1967, 19(4): 810-822.

[61] KAMEI N. Simply invariant subspaces for antisymmetric finite subdiagonal algebras[J]. Tohoku Math. J., 1969, 21(1): 467-473.

[62] NAKAZI T. Invariant subspaces of weak-* Dirichlet algebras[J]. Pacific J. Math., 1977, 69(1): 151-167.

[63] MCASEY M, MUHLY P, SAITO K S. Nonselfadjoint crossed products [J]. Trans. Amer. Math. Soc., 1979, 248(2): 381-409.

[64] BALL J A, HELTON J W. A Beurling-Lax theorem for the Lie group $U(m,n)$ which contains most classical interpolation theory[J]. J. Operator Theory, 1983, 9(1): 107-142.

[65] NIKOL'SKII N K. Treatise on the Shift Operator[M]. Berlin: Springer-Verlag, 1986.

[66] RICHTER S. Invariant subspaces of the Dirichlet shift[J]. J. Reine Angew. Math., 1988, 386(1): 205-220.

[67] HEDENMALM H, KORENBLUM B, ZHU K H. Beurling type invariant subspaces of the Bergman space[J]. J. Lond. Math. Soc., 1996, 53(2): 601-614.

[68] NAKAZI T, WATATANI Y. Invariant subspace theorems for subdiagonal algebras[J]. J. Operator Theory, 1997, 37(2): 379-395.

[69] CHEN X, HOU S. A Beurling-type theorem for the Fock space[J]. Proc. Amer. Math. Soc., 2003, 131(9): 2791-2795.

[70] MALYUTIN K, SADYK N. The Beurling theorem for entire functions of finite order[J]. North-Holland Mathematics Studies, 2004, 197(1): 167-169.

[71] KARAEV M T. On the proof of Beurling's theorem on z invariant subspaces[J]. Expo. Math., 2007, 25(3): 265-267.

[72] ASTASHKIN S V, KALTON N, SUKOCHEV F A. Cesaro mean convergence of martingale differences in rearrangement invariant spaces[J]. Positivity, 2008, 12(3): 387-406.

[73] GUO K Y, WANG K. Beurling type quotient modules over the bidisk and boundary representations[J]. J. Func. Anal., 2009, 257(10): 3218-3238.

[74] CARLSSON M. On the Beurling-Lax theorem for domains with one hole[J]. New York J. Math., 2011, 17(1): 193-212.

[75] MLECZKO P. On Beurling type theorem for abstract Hardy spaces[J]. J. Math. Anal. Appl., 2013, 403(1): 1-4.

[76] CHEN Y N, HADWIN D, SHEN J H. A noncommutative Beurling theorem with respect to unitarily invariant norms[J]. J. Operator Theory, 2016, 75(2): 497-523.

[77] CHEN Y N, HADWIN D, ZHANG Y. A general vector-valued Beurling theorem[J]. Integral Equations Operator Theory, 2016, 86(3): 321-332.

[78] CHEN Y N. A general Beurling-Helson-Lowdenslager theorem on the disk[J]. Adv. Appl. Math., 2017, 87(1): 1-15.

[79] CHEN Y N, HADWIN D, LIU Z, et al. A Beurling theorem for generalized Hardy spaces on a multiply connected domain[J]. Cand. J. Math., 2018, 70(3): 515-537.

[80] SAGER L. A Beurling-Blecher-Labuschagne theorem for noncommutative Hardy spaces associated with semifinite von Neumann algebras[J]. Integral Equations Operator Theory, 2016, 86(3): 1-31.

[81] YANG J H. A generalization of Beurling's criterion for the Riemann hypothesis[J]. J. Number Theory, 2016, 164(1): 299-302.

[82] ALPAY D, SABADINI I. Beurling-Lax type theorems in the complex and quaternionic setting[J]. Linear Algebra Appl., 2017, 530(1): 15-46.

[83] JI G X. Subdiagonal algebras with Beurling type invariant subspaces[J]. J. Math. Anal. Appl., 2019, 480(2): 1-15.

[84] MARTIN R, SHAMOVICH E. A de Branges-Beurling theorem for the full Fock space[J]. J. Math. Anal. Appl., 2021, 496(2): 1-24.

[85] VON NEUMANN J. Some matrix-inequalities and metrization of matrix-space[J]. Tomsk Univ. Rev., 1937, 1(1): 286-300.

[86] HADWIN D, NORDGREN E. A general view of multipliers and composition operators II[J]. Contemp. Math., 2008, 454(1): 63-73.

[87] FANG J S, HADWIN D, NORDGREN E, et al. Tracial gauge norms on finite von Neumann algebras satisfying the weak Dixmier property[J]. J. Funct. Anal., 2008, 255(1): 142-183.

[88] FANG J S, HADWIN D. Unitarily invariant norms related to factors[J]. Studia Math., 2015, 229 (1): 13-44.

[89] KADISON R, RINGROSE J. Fundamentals of the Theory of Operator Algebras, Vol. II, Advanced Theory[M]. New York: Academic Press, 1986.

[90] CONWAY J. A Course in Functional Analysis[M]. New York: Springer-Verlag, 1990.

[91] RUDIN W. Real and Complex Analysis[M]. New York: Springer-Verlag, 2003.

[92] SHAEFER H H. Banach Lattices and Positive Operators[M]. Berlin: Springer-Verlag, 1974.

[93] DIESTEL J, UHL J J. Vector Measures[M]. Providence: Amer. Math. Soc., 1977.

[94] RUDIN W. Fourier Analysis on Groups[M]. New York: Interscience Tracts in Pure and Applied Math, 1962.

[95] CHEN Y N. Function spaces based on symmetric norms [D]. Durham: University of New Hampshire, 2014.

[96] DUREN P. Theory of H^p Spaces[M]. New York: Academic Press, 1970.

[97] HADWIN D, NORDGREN E. A general view of multipliers and composition operators[J]. Linear Algebra Appl., 2004, 383(1): 187-211.

[98] HELSON H, LOWDENSLAGER D. Prediction theory and Fourier series in several variables Ⅱ[J]. Acta Math., 1961, 106(1): 175-213.

[99] HADWIN D, NORDGREN E, LIU Z. Closed densely defined operators commuting with multiplications in a multiplier pair[J]. Proc. Amer. Math. Soc., 2013, 141(9): 3093-3105.

[100] ASTASHKIN S V, KALTON N, SUKOCHEV F A. Cesaro mean convergence of martingale differences in rearrangement invariant spaces[J]. Positivity, 2008, 12(3) : 387-406.

[101] VAPNIK V. Statistical Learning Theory[M]. New York: Wiley, 1998.

[102] MINH H Q, NIYOGI P, YAO Y. Mercer's theorem, feature maps, and smoothing[C]. Pittsburg: In Proceedings of 19th Annual Conference on Learning Theory, 2006.

[103] MICCHELLI C A, PONTIL M. On leaning vector-valued functions[J]. Neural Comput., 2005, 17(1): 177-204.

[104] FORNASIER M, MARCH R. Restoration of color images by vector valued BV functions and variational calculus[J]. SIAM J. Appl. Math., 2007, 68(2): 437-460.

[105] QUANG M H, KANG S H, LE T M. Image and video colorization using Vector-Valued reproducing kernel Hilbert spaces[J]. J. Math. Imag. Vis., 2010, 37(1): 49-65.

[106] FREMLIN D H. Measure Theory[M]. Colchester: Torres Fremlin, 2004.

[107] LINDENSTRAUSS J, TZAFRIRI L. Classical Banach Spaces Ⅱ: Function Spaces [M]. Berlin: Springer-Verlag, 1979.

[108] RAO M M, REN Z D. Applications of Orlicz Spaces, Monographs and Textbooks in Pure and Applied Mathematics[M]. New York: Marcel Dekker Inc., 2002.

[109] ARVESON W. An introduction to C*-algebras, Graduate Texts in Mathematics [M]. New York: Springer-Verlag, 1976.

[110] KUNZE R A. L^p-Fourier transforms on locally compact unimodular groups[J]. Trans. Amer. Math. Soc., 1958, 89(2) : 519-540.

[111] MCCARTHY C A. C_p [J]. Israel J. Math., 1967, 5(1): 249-271.

[112] SIMON B. Trace Ideals and Their Applications, London Mathematical Society Lecture Note Series[M]. New York: Cambridge University Press, 1979.

[113] DODDS P, DODDS T, PAGTER B. Noncommutative Banach function spaces[J]. Math. Z., 1989, 201(4): 583-597.

[114] DODDS P, DODDS T, PAGTER B. Fully symmetric operator spaces[J]. Integral Equations Operator Theory, 1992, 15(6): 942-972.

[115] DODDS P, DODDS T, PAGTER B. Noncommutative Köthe duality[J]. Trans. Amer. Math. Soc., 1993, 339(2): 717-750.

[116] TAKESAKI M. Theory of Operator Algebras I[M]. Berlin: Springer-Verlag, 1979.

[117] NELSON E. Notes on noncommutative integration[J]. J. Funct. Anal., 1974, 15(2): 103-116.

[118] SEGAL I. A noncommutative extension of abstract integration[J]. Ann. Math., 1952, 57(1): 401-457.

[119] YEADON F. Noncommutative L^p-spaces[J]. Math. Proc. Cambridge Philos. Soc., 1975, 77(2): 91-102.

[120] FACK T, KOSAKI H. Generalized s-numbers of -measurable operators[J]. Pacific J. Math., 1986, 123(2): 269-300.

[121] SRINIVASAN T, WANG J K. Weak*-Dirichlet Algebras, Proceedings of the International Symposium on Function Algebras[M]. Chicago: Tulane University, 1966.

[122] JUNGE M, SHERMAN D. Noncommutative L^p-modules[J]. J. Operator Theory, 2005, 53(1): 3-34.